潘蕊 等 ——

著

数据思维实践

从零经验 到数据英才

U0206645

北京大学出版社
PEKING UNIVERSITY PRESS

内 容 提 要

在大数据时代的背景下，商业分析能力显得尤为重要，具有商业分析能力的人才供不应求。不同于其他经典的统计学教科书，本书是一本非常实用的数据分析实战指导手册。

本书的灵感来源于狗熊会"人才计划"，全书框架也沿用人才计划，以一系列TASK的形式构建。全书涵盖数据分析的选题与背景、数据的获取与描述、模型的建立、表达与沟通和实战案例收录五大核心模块，具体内容为：第1章主要介绍数据分析中选题的确定方法，以及数据分析报告中背景介绍部分的撰写思路；第2章主要介绍数据的获取方式，以及数据介绍与描述分析部分的撰写、展示方法；第3章主要介绍数据建模的基本思路，以及常用模型方法；第4章主要介绍数据分析报告的撰写及展示分享时的表达与沟通技巧，以及代码规范的一系列问题；第5章主要分享一些优秀的数据分析报告案例，供读者学习参考。

本书适合数据分析入门者、对商业分析感兴趣的或正在从事相关工作的读者，可以帮助读者建立系统的数据分析框架，提高利用数据分析工具进行业务分析的能力，从而成为一位具有商业分析能力的数据科学人才。

图书在版编目(CIP)数据

数据思维实践 / 潘蕊等著. — 北京：北京大学出版社，2018.8
ISBN 978-7-301-29614-1

Ⅰ.①数… Ⅱ.①潘… Ⅲ.①数据处理 Ⅳ.①TP274

中国版本图书馆CIP数据核字(2018)第123482号

书　　　　名	数据思维实践 SHUJU SIWEI SHIJIAN	
著作责任者	潘　蕊　等　著	
责 任 编 辑	吴晓月	
标 准 书 号	ISBN 978-7-301-29614-1	
出 版 发 行	北京大学出版社	
地　　　　址	北京市海淀区成府路205 号　　100871	
网　　　　址	http://www.pup.cn　　　新浪微博：@ 北京大学出版社	
电 子 信 箱	pup7@ pup.cn	
电　　　　话	邮购部 62752015　　发行部 62750672　　编辑部 62570390	
印 刷 者	北京宏伟双华印刷有限公司	
经 销 者	新华书店	
	720毫米×1020毫米　　16开本　　16印张　　256千字	
	2018年8月第1版　　2022年1月第4次印刷	
印　　　　数	15001—17000册	
定　　　　价	79.00 元	

序

FOREWORD

今天，我想跟大家隆重推荐《数据思维实践》这本书。这是继《数据思维：从数据分析到商业价值》后，狗熊会团队的又一心血之作。这本书凝聚了狗熊会"人才计划"部分创始团队成员的心血。他们分别是常象宇（政委）、陈昱（昱姐）、关蓉（关关）、刘婧媛（媛子）、潘蕊（水妈）、王菲菲（灰灰）及周静（静静）。尤其是水妈潘蕊，作为狗熊会"人才计划"的核心创始人，贡献巨大。

要想更好地了解这本书，您首先需要了解一下狗熊会对数据科学人才培养的一些基本看法、"人才计划"这个非常有趣的公益项目，以及狗熊会在人才培养方面的美好梦想。

狗熊会对数据科学人才培养的基本看法

狗熊会的使命由两句话构成：聚数据英才，助产业振兴！其中第一句"聚数据英才"关心的就是数据科学人才的培养。但是，具体到执行层面，它的内涵是什么，如何落地，并不十分明了。为此，狗熊会做了各种尝试，并渐渐形成以下基本看法。

第一，数据科学人才奇缺。狗熊会核心团队成员都是各个高校的老师。对此，我们有切身的体会。就我自己而言，经常有行业中的朋友请我推荐靠谱的学生。但遗憾的是，我却没有多少学生可推荐。而且，似乎无论推荐多少，大家都觉得不够。我甚至认为，随着国家人工智能、大数据战略的实施，数据产业的快速发展，数据科学行业人才的匮乏情况会更加严重。

第二，数据科学体系中，尤其缺乏的是商业分析（Business Analytics）人才。在我看来，数据科学相关领域大概可以被分为三大领域。第一个是工程领域。它关注大规模计算机集群的软硬件基础设施，如大规模集群建设（硬件）、分布式存储与计算系统开发（软件）。第二个是算法领域。它关注新的模型与算法开发，如传统的统计模型和机器学习模型（含深度学习）的研发。这两个领域（尤其是第二个）备受关注。但人们似乎忽视了第三个领域——商业分析。商业分析领域关注大数据软硬件环境及各种成熟模型与算法，不关心具体的建设与开发。商业分析的核心问题是如何洞察数据的商业价值，致力于如何把各种具体的商业问题转化为数据可分析问题。这是商业分析关注的重点。由此可见，商业分析承担着连接商业问题与数据模型的重要使命。因此，人才需求如井喷一样旺盛，而市场供给却严重不足。

第三，现有教育体系的人才供给严重不足。现有的教育体系主要分为两大块：一块是正规高校，另一块是各种培训班。正规高校的优点是知识体系完整、理论素养扎实、学生素质高；缺点是理论与实际脱节严重，经典的知识体系与校园外正在如火如荼发展的数据产业相比严重滞后。而各种培训班的优点是直接把企业专家请入课堂，把企业实际问题带入学习，因此非常接地气；缺点是短期性和功利性太强，基本上以传授一种"技能"为主，对于学生的终身学习与成长帮助非常有限。而且，市场混乱，鱼龙混杂。

狗熊会"人才计划"公益项目

基于以上几点共识，狗熊会开始思考一个问题：能否成规模地培养高质量的商业分析人才，弥补现有教育体系的不足？这里有两个关键点：一是成规模，二是高质量。我们认为这个目标与狗熊会"聚数据英才"的使命高度一致，是我们愿意为之努力拼搏的一项重要工作。带着对这个问题无限的使命感，狗熊会核心创作团队产生了创办狗熊会"人才计划"的想法，并且已经成功举办了两期。

狗熊会的"人才计划"是什么？简单地说，就是一个培训班。但是，它与普通的培训班又有很大的不同。

第一，免费公益。虽然狗熊会是一个 100% 的盈利机构，但是人才计划是一个 100% 的公益项目，狗熊会不向学生收取任何费用。也正因为不收取任何费用，所以狗熊会人才计划执行非常严格的纪律要求和淘汰制度，这样才能保证顺利毕业的同学符合高质量的标准。

第二，全球招生。"人才计划"为了能够帮助更多的学生成长，会在全国甚至全球范围内招生。事实上，第一次"人才计划"就吸引了来自海内外 300 多名同学报名，最后录取了 100 多名，有 65 名同学顺利结业。申请的同学有的来自国内 985 或 211 高校，有的来自民办大学，有的来自海外，如 MIT（麻省理工学院）、MSU（密歇根州立大学）等。

第三，全部线上。既然"人才计划"学员来自世界各地，那么相应的教学管理必须是 100% 在线上执行，线下教学活动不太好实行，这其实并不是狗熊会特意而为。"人才计划"创办之初，狗熊会设想从北京开始，这样可以安排一些线下学习的机会。但是，报名名单送上来的时候，我们自己也很惊讶：大量的同学来自全国各地，甚至海外。因此，我们意识到，"人才计划"不可能采用传统的线下教学方式，必须是 100% 线上执行。

第四，TASK 驱动。线上教学如何开展？是不是放个视频，做个直播，发点讲义？这些都不是好的培养方式。因为在这样的培养方式下，学生是被动"教"出来的，而不是主动"学"出来的。因此，我们创造了TASK这样一种独特的人才培养方式。简单地说，TASK就是一个具体可被执行的任务。一个大的项目（如利用刷卡交易数据做征信），可以被切分成多个细小、可执行的任务。例如，一个任务可能就是在R中读入数据，并对各个指标做描述统计。这些TASK不见得都是与数据编程相关，但是都与业务目标相关。TASK布置给学生后，老师不承担"教"的任务，学生需要想办法去自学。在TASK的驱动下，学生开始自主思考探索，并通过各种手段去"自学"。因此，学生练就了非常强的自学能力，而知识的增长仅仅是一个结果而已。

狗熊会人才培养的美好梦想

你看，这就是狗熊会误打误撞、自己摸索出来的"人才计划"公益项目。到目前为止，已经成功举办了两期。有兴趣的朋友可以在狗熊会微信公众号（CluBear）中输入"人才"，即可看到非常详细的介绍及往期学员的作品。

但是，这么好的一种人才培养方式是不是只能狗熊会自己独享？显然不是！狗熊会的力量太渺小，微不足道。如果想要为数据产业做出更大的贡献，需要更多志同道合的朋友加入进来，尤其是高校的优秀老师。我们希望TASK驱动的教学理念能够进入更多高校、培训班的课堂，并通过更多的教学实践不断改进。为此，一本高质量的教科书必不可少！

"水妈"带领狗熊会的核心创作团队，将过去一年关于"人才计划"的宝贵教学经验整理成册呈现给大家，希望能够帮助更多的老师、同学一起学习成长。大家从目录可以看出，这本书与所有的数据科学教材非常不一样，因为它承载着完全不同的教学理念。

本书一共 5 章。第 1 章介绍 TASK 的学习理念。TASK 要求每个学生（或学习小组）确定一个自己感兴趣的研究题目，我们建议这个题目尽可能贴近生活、贴近真实的业务。例如，我们可以关心一下知乎上都在讨论什么；大学生活如何才能有一段美好的爱情；游戏达人怎样才能疯狂"吃鸡"。选题非常重要。一个好的题目，能够激发同学们的好奇心，并因此产生无穷探索的勇气。这是 TASK 学习的重要理念。

第 2 章学习数据的获取与描述。在实际工作中，很少有数据都整理好了就等着分析这样的场景，更多的时候需要自己去收集数据。而移动互联网时代赋予我们非常多的、非常便捷的数据采集手段。例如，使用"问卷星"可以通过微信发放问卷收集数据；又例如，使用"八爪鱼"可以非常便捷地采集网站数据等。在此基础上，如何对数据做最基本而有效的描述也是非常重要的内容。我们不盲目追逐各种"高大上"的可视化软件，而是希望所有数据描述都能够准确地瞄准业务需求。在这个前提下，越简单越好。

第 3 章系统学习数据建模。包括两大类最常见的无监督学习方法，即数据降维与聚类分析。还有两大类有监督学习方法，它们分别对应连续型因变量及离散型因变量。最后，还有一节关于文本分析的内容。这部分所涉及的技术细节是任何经典统计学或机器学习教科书中都可以找到的。本书无意呈现过多的技术细节，也无意覆盖很多的内容，但是希望学生能够在数据描述的基础上顺利过渡到数据建模的任务上来。整个学习的核心仍然是理解数据分析和业务问题的互动关系。

第 4 章是极具特色的一章，是绝大多数数据科学教材里不会涉及的。这一章的核心问题是表达与沟通，这里的表达与沟通不局限于口语，更多的是书面的表达与沟通。其中包括报告撰写、PPT 制作及代码规范，这是实际工作中最常见的表达与沟通的手段。相关教学内容都围绕如何有效地呈现数据分析结果，而不至于让数据分析的辛苦努力白费。

第 5 章收录了一些具体的实战案例，供读者参考、学习。

最后要深深感谢本书的作者团队，他们也是"人才计划"的创始团队成员。他们的辛苦付出，尤其是水妈，成就了本书。

希望读者通过本书建立起自己的数据分析思维。

王汉生（熊大）

前言

PREFACE

2017 年 7 月 17 日，狗熊会"人才计划"第一期正式开始。"人才计划"旨在培养具有商业分析能力的人才，通过数据分析工具，解决实际业务问题。在培养过程中，注重锻炼学生快速学习和解决实际问题的能力。"人才计划"以 TASK 的形式推进，学生以自学为主，定期汇报成果。从"人才计划"的培养效果来看，学生们在自学能力和实战经验方面都有了很大的提高。于是，熊大（王汉生教授）鼓励我把"人才计划"的 TASK 内容梳理出来，与更多的学生或读者分享。这便是本书形成的初衷。

本书的目标主要有两个，一是培养读者的快速自学能力，二是培养读者的数据分析实战能力。

第一，快速自学能力。强调快速自学能力，缘于我这几年的教学经历。在学校，老师教什么，学生就学什么，一旦需要用新的知识解决问题，学生便束手无策。这与今后的工作需要极其不符。在工作中，学过的知识可能大都用不上，实际需要用到的知识都需要重新去学习。在校期间的时间非常宝贵，对于养成良好的学习习惯至关重要。因此，尽早掌握快速自学能力非常有益。

意识到这一点，便能更好地去理解这本书，以及这本书的基本构成单元——TASK。TASK 就是一个个的小任务，每个 TASK 有一个明确的任务主题、与主题相关的内容讲解、参考资料及任务作业。读者需要在阅读 TASK 后，花时间找到更多的学习资源进行学习和思考，才有可能完成任务作业。在这个过程中，读者会在寻找学习资源的能力、提炼和归纳相关知识点的能力及以报告撰写为主的表达沟通能力等方面得到锻炼。

第二，数据分析实战能力。在教学过程中，我所看到的另一个普遍现象是学生们学习了很多理论知识和统计学模型，但拿到一个实际数据却不会做分析，更不会形成一份规范的报告。数据分析实战能力的匮乏，令人感到遗憾。因此，TASK 的设计的重点在于提高数据分析实战能力，没有过多的理论细节。各种统计模型（如回归分析）的理论基础已经有太多经典教材做过详细的讲解，因而不是这本书的侧重点。

为了支持更多的教师授课，本书配备了精美的 PPT 课件，教师不必再自己费心制作课件。此课件连同书中所涉及的数据、代码和案例的 PPT，都可以在狗熊会的官方网站或狗熊会公众号（CluBear）上下载，这些资料将免费提供给读者使用。左侧是狗熊会公众号的二维码。

本书能够出版，要感谢我的导师熊大和狗熊会 CEO 李广雨先生，他们的不断鼓励让我坚信这是一件非常有意义的事情。感谢狗熊会的核心创作团队成员：常象宇（政委）、陈昱（昱姐）、关蓉（关关）、刘婧媛（媛子）、王菲菲（灰灰）及周静（静静）。没有他们的大力支持，本书不会如此顺利地完成。未来，狗熊会还将继续并肩作战。感谢中央财经大学的樊津畅、高天辰、王晶冰、王蕾、张宇轩和翟晋同学，书中的图表、代码及 PPT 大多出自他们之手。

"聚数据英才，助产业振兴"，狗熊会一直在路上！

水妈

目
录

CONTENTS

第 **1** 章
选题与背景

本章介绍如何确定选题及怎样撰写选题背景，并通过 3 个范例与相应点评，帮助读者快速熟悉选题思路及撰写选题背景的注意事项。

1.1 TASK 概述

TASK，即"任务"，是狗熊会人才培养的核心。狗熊会试图通过一系列 TASK，帮助数据分析爱好者完成一个完整的数据分析作品。本书分为如下几个 TASK 模块。

（1）模块一：选题和背景（2 个 TASK）。

（2）模块二：数据的获取与描述（4 个 TASK）。

（3）模块三：模型的建立（6 个 TASK）。

（4）模块四：表达与沟通（4 个 TASK）。

具体来说，每一个 TASK 包括如下内容。

（1）一个明确的任务主题。例如，确定选题、描述分析、数据降维等。通过这个任务主题，能够了解 TASK 的主要任务方向。

（2）关于任务主题的讲解。这是 TASK 的主体，详细陈述了相关任务主题的重要性、主要内容和学习重点等。

（3）与任务主题相关的学习材料。这是 TASK 的补充内容，为读者提供可能的学习素材和资料来源，方便读者课后进行自学。

（4）课后作业。每一个 TASK 都会有相应的作业，读者需要认真完成并反复练习，才能有所提高。

在 TASK 的学习过程中，最主要的是锻炼快速自学的能力。TASK 的内容偏向于数据分析实战，并不会涉及太多的理论细节。希望读者通过本书的系列 TASK 的学习，享受数据分析所带来的快乐！

1.2 TASK₁ 确定选题

1.2.1 选题的思考路径

本书的目标是创建一份以实际问题为出发点的数据分析报告（或PPT），一个好的选题会让报告更加吸引人。在选题过程中，可以尝试如下思考路径。

（1）首先选定一个行业或领域，进而聚焦这个行业或领域中的某个话题，如 1.4.1 节的范例，聚焦在"消费金融"这个领域。

（2）在确定了行业和话题之后，要明确具体的研究问题，否则就会出现类似"共享经济数据分析""北京雾霾"这样过于宽泛的选题题目。以"北京雾霾"为例，这个选题到底是要研究北京雾霾的成因，还是北京雾霾的危害，抑或北京雾霾的变化趋势，并没有交代清楚研究的内容。比较好的题目应该是类似于"北京雾霾的形成原因分析"。

（3）确定研究问题之后，要保证能够获取相应的数据（获取数据的方法详见 TASK 3）。

1.2.2 可能的选题方向

为了让读者更好地完成最终的作品，在此提供若干选题的方向。这些方向既包括一些企业中的实际问题，也包括生活中有趣的话题（注意，本书所列的行业和企业只是一个举例，读者可以参考，以便举一反三）。

1. 餐饮行业

火锅外卖：英雄火锅（化名）是一家 24 小时营业的火锅外卖店，也是狗熊会的合作伙伴。主要的经营特色是专注线上平台外卖，只有少量的线下堂食体验店。英雄火锅面临几个重要的业务问题，即线下体验店如何选址，配送的菜品如何确定，怎样体现自己的服务特色（营业时间、配送范围等），消费者对火锅菜品的评价如何，这些问题的解决对英雄火锅选择菜品或提供服务有什么帮助。

提示：选题要聚焦！聚焦！聚焦！重要的事情说 3 遍。例如，这个选题最好确定一个有代表性的城市等。可能的数据来源为各类点评网站。

2. 旅游行业

旅游产品的销量：一场说走就走的旅行已经不再是天方夜谭，近几年旅行社推出的旅游产品五花八门。对旅行社来说，旅游产品的定价采取的是成本定价，毛利非常固定。因此，旅行社最关心的问题是旅行产品的销量，即什么样的产品能够成为爆款、哪些因素决定了旅游产品的销量。

提示：在研究旅行产品销量的时候，切忌毫无意义的对比。例如，比较北京周边一日游和欧洲深度七日游的销量。可能的数据来源为各旅游网站。爬取数据时，也要注意数据来源的代表性。

3. 产品评论

空气净化器：随着雾霾的侵袭，空气净化器成为家电市场的销售黑马。越来越多的商家都将触角伸向了空气净化市场，这也造成了当前市场上出现产品良莠不齐的现象。想要在激烈的竞争中脱颖而出，就需要紧盯用户需求，不断改善产品设计。因此，可以从产品评论的角度挖掘用户需求，明确用户的关注点及产品在该关注点的表现，从而为商家改进产品设计提供建议。

提示：该研究思路下对产品的选择需要慎重，应该尽量选择那些有较多功能并且设计较易改变的产品，如各种电子产品、家电等。产品的好评率分析也可以扩展为产品销量分析（如果销量可以获得）。可能的数据来源为各大电商平台。

4. 娱乐综艺

娱乐综艺节目的播放量或好评率研究：近年来，娱乐综艺尤其是明星真人秀节目大行其道，不同节目的播放量千差万别。一档综艺节目的制作往往要花费大量的人力和物力，那么，什么样的节目才能让观众埋单？哪些因素会影响节目的播放量或好评率？研究时既可以只针对个例，如分析某个现象级综艺成为爆款的原因，某档综艺节目从盛极一时走向衰败的原因等；也可以同时分析、对比多档节目，通过建立模型分析哪些因素真正影响了节目的收视率，是节目内容还是明星效应。

提示：分析时可以重点考虑观众评论，从评论的角度挖掘观众需求。可能的数据来源为各大视频网站。

5. 体育行业

贝利还是保罗？体育是一种迷人的运动，是力与美的完美结合。资深体育迷不仅沉浸在观看比赛的过程中，而且每当谈起喜爱的运动都如数家珍。那么你会跟"乌鸦嘴"贝利一样"毫无权威"，还是像章鱼保罗一样在江湖留下永远的传说？不为赌球，只为了将迷人的体育运动与酷炫的数据分析结合在一起，展现不一样的视角。体育行业的研究问题包括对比赛结果的预测，对球员能力或价值的评测，对影响球员生命周期多种因素的评估分析，对教练能力及其影响因素的分析，对奥运会金牌榜排位的分析，对比赛收视率或上座率及其影响因素的分析。

提示：可能的数据来源为各体育联合会官方网站、历届奥运会官方网站等。

6. 直播行业

直播作为近年来快速兴起的行业吸引了众多用户。相关调查数据显示，2017 年中国在线直播用户达到 3.92 亿人，2019 年预计用户达到 4.95 亿人。直播内容丰富多样，如以 YY、花椒等为代表的娱乐类直播，以斗鱼、虎牙等为代表的游戏类直播。直播平台的收入主要靠优秀主播吸引流量与粉丝打赏。因此，直播行业的研究问题包括对主播的行为进行分析，寻找主播火爆的原因；对粉丝的打赏行为进行分析，探究影响打赏行为的主要因素等。

提示：数据源的获得为各直播平台。

7. 文本分析

热门电视剧文本分析：如何成为文案写手？该行业可能没有什么特别固定的主题，主要靠读者大开脑洞，主要的要求是吸引眼球。例如，狗熊会公众号曾经做过《琅琊榜》《人民的名义》《欢乐颂》的分析。《琅琊榜》主要以小说的三要素作为切入，《人民的名义》主要探究剧中人物的复杂关系，《欢乐颂》着重研究第一部与第二部之间的差异。

提示：这部分研究的数据相对容易获取，即小说的 TXT 文本，但难点在于如何掌握文本分析的基本技术，以及通过数据分析得到有趣的发现。

8. 游戏行业

游戏一向是互联网的盈利法宝，无论是"炉石传说""王者'农药'"这样的吸金手游，还是"英雄联盟""DOTA"这样的大型对抗类游戏，都受到大众的追捧。一款热门的游戏可以让玩家争相竞技，甚至挥金如土。很多大型游戏（如英雄联盟、DOTA 等）甚至衍生出了职业战队及巨额奖金。对游戏公司而言，什么样的游戏能够成为爆款、如何长期保持用户黏性是其首要关心的问题；从玩家角度来看，什么样的对战策略、角色配比能够一举制胜是他们需要分析的核心问题。

提示：在分析过程中，注意自己所代表的角度，是游戏公司还是游戏玩家。对于游戏公司，可以关注不同游戏的对比；对于游戏玩家，则可以聚焦到某一款具体的游戏，对游戏背景及胜负因素进行分析。可能的数据来源为 RDOTA2（一个获取 DOTA 战队胜负数据的 R 包）、Steam、App Store 等。

9. 招聘行业

在大数据的浪潮中，数据分析相关的工作岗位如雨后春笋般层出不穷。那么，这些岗位主要分布于哪些行业？应聘者要加强哪些方面的素质才能获得更高薪的工作？对于企业来说，又应该招聘怎样的人才？是更应看重应聘者的学历还是实战能力？对于不同背景不同条件的应聘者，应该怎样为其定制薪资? 职场"菜鸟"和职场"高富帅"薪资有多大差距? 对学校来说, 在大数据的浪潮下, 怎样对学生进行培养才能更适应社会的需求?

提示: 一定要仔细定义所要研究的行业。例如, 到底是怎样的职业岗位才属于"数据分析相关工作岗位"? 是数据分析公司中的岗位, 还是所有公司中涉及数据分析工作的岗位? 另外, 要注意垂直深入, 针对某个行业进行深度挖掘, 而不是流于表面, 或者停留在对所有行业的泛泛而谈上。

1.2.3　补充材料

读者可以进入狗熊会公众号, 查看精品案例库。此处总结精品案例库的部分选题, 帮助读者寻找选题的灵感。

（1）买房难, 难于上青天——北京二手房房价影响因素分析。

（2）英超进球谁最强——英超球员进球数的统计分析。

（3）数据分析——岗位招聘情况及薪资影响因素分析。

（4）世界这么大, 想去哪儿看看——在线旅游产品销售分析。

（5）2017 火锅团购二三事。

（6）从用户评论看产品改善——以手机行业为例。

（7）从文本分析看小说的三要素——以《琅琊榜》为例。

（8）黑天鹅来了——上市公司的基本面信息能预测极端风险吗?

（9）谁在看直播——基于 RFM 的粉丝聚类。

（10）听见好时光——网易云音乐歌单受欢迎程度分析。

1.2.4　课后作业

确定选题, 既可以是商业问题, 也可以是"吃喝玩乐"。尽量使选题明确和聚焦, 而非覆盖整个行业。进入狗熊会公众号, 输入"精品案例", 查看更多狗熊会精品案例选题。

1.3 TASK₂ 学写背景介绍

无论是研究论文、行业资讯报告，还是案例创作，背景介绍尤为重要。因为这部分阐述了研究的动机与意义，是吸引读者继续阅读的原动力。通常一个好的背景介绍包括行业概述、当前发展状况、存在的问题、研究目的等。

1.3.1 如何写背景介绍

在写背景介绍之前，要先搜集足够的关于行业相关的材料并充分阅读。在此基础上，罗列出要说明的几个要点，并且按照一定的逻辑组织起来。具体可以按以下几点进行。

（1）简要地给出行业的介绍。

（2）利用权威数字或报告佐证目前行业的发展状况。

（3）分析行业面临哪些问题，聚焦到某一两个点上作为研究的主题，而非全面地去研究整个行业。

（4）明确要研究的问题，指出可能具有的商业价值，未来是否可以实现等。

背景介绍的篇幅不宜过长，以两页左右最为合适。上述的几个要点，可以形成 5~6 个段落。在组织段落的时候，逻辑需要清晰流畅。要练习由面到点地研究问题，先阐述大的行业背景，再层层递进到具体的业务问题，最后落到需要研究的问题。每个段落的书写有以下注意事项。

（1）每个段落需要一个明确的主旨。可以按照"总分""分总"或"递进"的逻辑进行书写。可以将"主旨句"标粗，方便阅读者迅速了解每个段落的中心思想。

（2）每个段落的篇幅以 10 行左右为宜。如果段落太短（如两行），只有一两句话，说明缺乏深入的讨论；如果段落太长，容易引起阅读疲劳，缺乏重点。过渡的段落篇幅可以略短。

（3）段落之间，需要一定的衔接，即要有"承上启下"的句子。如果仅仅只是简单的罗列，非常影响背景介绍的整体逻辑。

1.3.2　背景介绍经常出现的问题

想写好背景介绍绝非易事，需要大量的阅读积累和反复练习。背景介绍的书写常出现以下问题。

（1）观点全面但毫无逻辑。背景介绍的内容非常全面，定义、国内外现状、存在的问题、未来的发展等依次罗列。每个部分着墨均匀，却毫无重点。如果把段落顺序调换依然通顺，说明背景介绍缺乏层层推进的逻辑。

（2）段落零碎，东拼西凑。有的段落非常零散，一句话一个自然段，段落之间毫无衔接，没有任何承上启下的语句，而是硬生生拼在一起。相反，有的段落十分冗长，一句话写了 10 行还不结束，让人找不到重点。

（3）文字书写极其不规范。正式的报告中不要频繁出现类似"我们"这种口语。提交报告之前应仔细阅读，尽量避免错别字的出现。

（4）相关数字的引用，仅仅是为了堆砌数字，而非为了某一观点服务。各种来源的数据、图表胡乱堆一下，凑半页，质量很差。有的数据时效性差，甚至使用几年前的数据。

1.3.3　课后作业

在 TASK 1 中已经确定了选题，给选题写一个背景介绍。这里不限定背景介绍的内容和思路，但尽量做到条理清晰，逻辑严谨。对用语字斟句酌，让阅读者感到愉快。可以先阅读 1.4 节的几个范例及点评，再开始撰写背景介绍。提交一份 1~2 页的 PDF 报告。

1.4 范例与点评

1.4.1 范例一

消费金融行业的用户违约风险探索

西南交通大学 曾智亿

随着"消费升级"观念的影响,消费正变得越来越重要。据新华社报道,2016 年,我国社会消费品零售总额为 33.2 万亿元,同比增长 10.4%,对经济增长的贡献率达到 64.6%。"互联网 +"引领的消费模式的变革,同时也刺激了消费金融的发展。什么是消费金融?简单而言,A 向 B 借钱买 B 的东西。举个例子,A 想买条价值 10 万元的项链送给女朋友,从银行申请不到贷款,于是向项链制造商 B 借了 10 万元用于购买该项链,二者在法律范围内协商利息和还款期限,这就是消费金融最基本的形式。第一笔真正意义的消费金融贷款是 GE(通用电气公司)的家电部门,GE 通过借钱给消费者购买自家的家用电器,以此刺激家电销售的增长。傲人的家电增长业绩也促进了 GE 金融的发展,消费金融从此登上历史舞台。在我国,消费金融也正随着互联网的发展而不断传播和创新。

点评:这一段讲的是"消费金融"的概念。优点在于举例生动,说明什么是消费金融,避免了引用晦涩难懂的定义,非常值得读者学习。

从京东白条、蚂蚁花呗到正处于风口浪尖的校园贷、分期贷、P2P(person-to-person,点对点网络借款),消费金融作为一种促进消费的有力工具,其影响广度和深度也随着互联网的快速传播而发展。易观智库 2015 年的相关专题报告显示,预计到 2017 年,我国的全年互联网消费金融市场规模将达到 8933.3 亿元人民币,同比增长率将达到 146.44%。

互联网金融由于依托互联网这个平台，其展现出的金融形式也不再局限于传统的银行，而是更加丰富多变。针对不同的消费群体的细分，出现了着眼于学生群体的"校园贷"；针对消费贷款人群的借贷关系，出现了着眼于熟人之间借贷的"宜人贷"；也出现了针对限定消费平台的京东白条与蚂蚁花呗等众多产品。正是由于互联网带来的无限可能，多种多样的平台形式和独特切入点在客观上加速了消费金融的发展。

点评：这一段承上启下，聚焦到"互联网"消费金融市场，并且举了一些常见的例子，如京东白条、蚂蚁花呗等。

相比传统金融机构，作为消费金融这个行业的重要角色——消费金融公司有着其独特的一面。消费金融公司放贷规模小、客户分散等特点在很大程度上决定了其处于监管的薄弱地带。尤其是互联网消费金融公司，处于互联网领域与金融领域的交叉地带，传统的监管体系无法满足新的监管要求。因此，这些公司自成立以来大多处于争议的风口浪尖。

点评：这一段属于过渡的段落，将背景介绍进一步聚焦到了"消费金融公司"。读者在写背景介绍的时候，一定要从面到点，层层推进。

消费金融公司对风控模型有着较高的要求。目前，消费金融公司放贷的目的是以互联网为依托，满足客户的消费行为。因此，要求放贷有较高的及时性。而如此海量的客户数据要求征信模型有高于传统模型的风控能力，其中的任何一个环节出错，都有可能导致严重的损失。一个解决的办法是依托大数据，建立精准的风控模型，从而降低风险水平。本文正是以此为出发点，对消费金融领域的用户违约行为进行探索，为消费金融公司的风控提供一定的借鉴。

点评：这一段又进一步聚焦消费金融公司的风控环节，引出研究问题。虽然文字的详尽程度需要加强，但逻辑非常值得读者学习。

整体点评：范例一的背景介绍虽然在文字的翔实程度、用语等方面还需要加强，但其整体思路非常值得学习。消费金融→消费金融公司→风控，这种层层递进的写作思路正是前面所强调的由面到点的写作逻辑。

1.4.2　范例二

农业众筹达成率影响因素分析

厦门大学　邢兆雨

随着生活水平的提高，人们对"吃"的追求早已不限于温饱——不仅美味，更要健康。2017年"香港食品博览会"刚刚落下帷幕，自诩为"专业吃货"已成为时尚……吃，永远是人生的主旋律。

《舌尖上的中国》等一系列美食节目将"吃"的美味展现得淋漓尽致，然而，某地黑作坊猪肉、"三只松鼠"零食菌类超标等层出不穷的食品安全事件又使"吃"得健康变得十分艰难。据统计，仅2017年第一季度，我国便发生食品安全事件3944起，人们对市面上的食品信任度下降，超市中标有"无公害"的果蔬也饱受质疑。经济的逐渐富足使得人们对食材有了更高的要求，在食品安全事件频发的背景下，高质量农副产品的市场需求逐渐增大。

点评：第一个段落以"吃"为话题引入，能够引起读者的共鸣。第二个段落笔锋一转，引出食品安全问题及对农副产品的需求，属于转折的逻辑。

经济学理论证明，需求会促使农产品市场转型升级。而现实中的农产品市场并非如此，症结何在？中国人民银行数据显示，2017年6月末，我国银行业金融机构农户贷款余额7.69万亿元，仅占同期各项贷款余额的1.15%。农民想创业创新却无资金支持，想进入网络销售农产品却没有相关技术，同时惧怕承担市场风险，使高质量的农产品长期供应不足。于是，众筹这种全新的筹资方式应运而生，充满商机的农业众筹行业渐渐兴起。

点评：这个小段落引出了背景介绍的重点——农业众筹。段首陈述了一个"经济学理论"，在此不讨论这个理论的正确与否。读者在引用相关理论的时候，一定要谨慎，并且给出经典文献，避免造成"滥用"的印象。

众筹，即大众筹资，众人拾柴火焰高，你需要钱大家掏。众筹的筹资方式基于网络众筹平台，只需要实名注册即可面向全国发布众筹项目，门槛低且受众广；众筹的运营方式为先预售筹资后投入生产，这种"以销定产"的方式极大地降低了不可控的市场风险；众筹的产品多为个性定制、监督生产，质量普遍优于市场上同类产品。综上所述，区别于传统的银行借贷，众筹方式有受众广、门槛低、依靠大众力量、风险低、产品品质高等特点，备受生产者和消费者的青睐。仅 2016 年 2 月一个月，全网众筹的筹款量已超过 9.81 亿元，投资人次达 955.52 万人（数据来源：浙商网《农业众筹报告》）。

点评：写清楚引用数据的来源是非常好的习惯。这一个段落简洁、清晰地阐述了众筹的筹资方式、运营方式和产品特点等内容。

随着众筹观念逐渐普及，众筹行业持续升温，而众筹产品主要以手工业及数码产品为主。该类商品生产周期短、品质易把控、受众广泛，因而在各平台纷纷立项，吸引到大笔资金。而农产品虽然市场潜在需求巨大，但自身生产周期长、产品品质标准化程度低，加之农产品生产者往往缺乏网络营销技术，很难发挥众筹模式的优越性，致使农业众筹鲜有人问津。市场对高质量农产品潜在的巨大需求，以及农民普遍不熟悉网络与宣传的现状，使得农业众筹领域出现了可期待的合作商机。

点评：这一段引出农业众筹领域的问题和商机。这一段的写作有一点值得学习，就是尝试从众筹过渡到农业众筹。

农业众筹合作商机示意如图 1-1 所示。

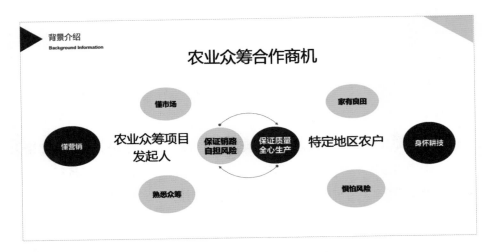

图 1-1　农业众筹合作商机示意

众筹的本意在于用以销定产的方式降低产品的市场风险，而回报的时间往往影响用户的购买体验——又有多少人会为了一袋优质大米，提前半年购买呢？为了解决农产品生产周期长的问题，农业众筹发起人（以下简称发起人）往往在进行市场考察后，即与特定地区的农户签订生产协议并开始生产。待农产品将要成熟之际，再将项目在众筹平台发布，进行筹资。详细流程如图 1-2 所示。

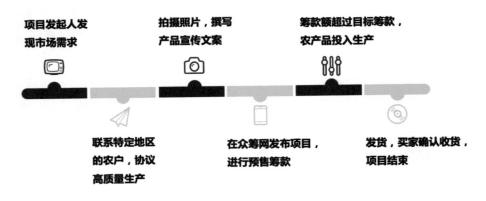

图 1-2　农业众筹合作流程

点评：这个段落的优点在于利用了图 1-1 和图 1-2 直观地阐述观点。读者可以灵活地学习和运用，但不要直接从其他地方截图、贴图，而是要自己制作高质量的图表。

为保证发货速度，在筹款之前，项目发起人自担市场风险。这意味着项目若没有众筹成功（即达成率低于 100%），项目发起人将会产生重大损失。作为发起人，其最关心的便是如何提高农业众筹的达成率。本课题将从农业众筹项目发起人的角度出发，对影响农业众筹达成率的因素进行探究。

点评：最后引出了研究问题，并且明确了研究的核心指标——农业众筹的达成率。

整体点评：范例二的背景介绍的主要优点在于选题。农业众筹是一个大众不太了解的话题，读者会带着好奇心去阅读。这个背景介绍的写作逻辑有许多好的尝试，如从美食到食品安全的转折，从众筹到农业众筹的推进。最后，范例二的背景介绍还可以改得更好，如更加深入地阐述及真实案例的补充（目前每个段落的篇幅还是略短）。

1.4.3　范例三

足球运动员黄金生涯年限影响因素研究

西南交通大学　乐婷婷

足球是三大球类中唯一起源于中国的运动，并凭借其充分的对抗性及不确定性，被誉为当今世界第一大运动。现代职业足球的发展，得益于衍生的高附加值产品及政策开放后各类资本的不断进入。据德勤统计，截至 2016 年，世界足球产业年生产总值达到 5000 亿美元，占全球体育行业市场的 40%，始终保持体育产业最大 IP 地位，被称为"世界第 17 大经济体"。

我国足球职业化始于 1994 年，在以"甲级 A 组联赛"模式发展 10 年后，中国足球联赛迎来了一次划时代的改制，2004 年迎来了"中超"元年。这次效仿英超的联赛改制，一是为了提升联赛水平，二是为了修补旧赛制的漏洞。经过十多年的发展，中超无论在联赛竞技水平、球迷关注度，还是资金实力都取得了长足进步。2016 年，中超在国际排名上升至第 14 位，稳居亚洲第一，成为世界足坛最火 IP 之一。

点评：前两个段落分别介绍了足球和中国足球的现状。很多地方值得深入讨论，如"联赛改制"的核心手段是什么。对于不熟悉足球的读者来说，这些简要的介绍是非常有必要的。

足球产业包括三大核心利益，分别是赛事、俱乐部及球员。基于内容创造价值的原则，球员 IP 是一切利益开展的前提。那么，什么是球员 IP 呢？其最直观的指标有身价、转会费及薪水。简言之，A 想娶 B 回家，需要给 B 的父母一笔称为转会费的彩礼，还要给 B 一笔称为薪水的零花钱，而这些都是参照 A 对 B 的喜爱程度——身价来执行。然而，与其他行业不同的是，足球运动员的身价却不完全与能力或经验成正比。瑞士权威足球咨询机构 CIES 足球天文台（CIES Football Observatory）数据显示，独占 9 座金球奖的足坛"绝代双骄"梅西、C 罗分列身价榜第 4 位和第 11 位。而榜单首位是 2017 年夏天以 2.22 亿欧元天价转会费加盟巴黎圣日耳曼的巴西国脚内马尔。虽然梅罗二人无论是能力、荣誉还是领导力都明显优于内马尔，但英雄的时代总会过去。梅罗二人已经年过三十，而 25 岁的巴西人正处于职业生涯黄金时期。这位年少成名的南美球员能否逃过"天性不羁爱自由"的诅咒，在未来 5 年依然保持黄金状态，是大巴黎豪掷 5.58 亿欧元的大赌局，也是世界足坛未来 5 年不会停止的话题。

点评：这个段落从足球产业聚焦到球员身价，并且以梅西、C 罗和内马尔为例进行详细阐述。有些句子略显冗长，如最后一句，阅读起来并不通顺。

一个足球运动员的黄金生涯能有多长呢？答案是因人而异。5年前就有人预言，梅罗时代最多持续2年，而5年过去了，两位巨星的态势依旧良好。对中超俱乐部而言，无论是为了短期内提高球队的实力和成绩，还是提高俱乐部自身知名度，外援的引进都是必需的。但如何理性地引进外援，如何应对国内外球员身价虚高的现状，早日扔掉中超"钱多人傻"的帽子，都需要对球员的黄金生涯进行科学预测。传统预测方法往往是依靠球探的经验，对球员的技术路线、身体状况进行长时间的调查。然而，调查结果往往具有很强的主观性，并隐藏巨大的利益关系，球探报告中任何一个失真的数字都会为俱乐部带来数以百万的损失。随着科技的发展和数据产业的兴起，各种各样先进的传感器植入球员生活的各个状态，完整监控了球员在训练及比赛中的营养、身体机能、恢复等数据。通过对球员数据的分析建模，寻找黄金生涯年限与球员数据之间的相关关系，代替传统经验预测的方法已经完全成为可能。

点评：这个段落提到了一些足球行业的"业务问题"，如预测球员的黄金生涯，甚至提及了行业的做法——靠经验和长时间的跟踪调查。读者在书写之前，一定要确认这确实是行业关心的问题，而非自己定义出来的问题。

然而，足球经得起一代又一代的更迭，球迷却难以接受属于自己这一代球员的谢幕。布冯的扑救，伊布的突破，梅西的过人，C罗的射门，还能在绿茵场上停留多久？事实上，作为俱乐部的决策人员，更要对球员黄金生涯年限有客观的认识，这样才能在合理溢价范围内签下更适合球队的球员。足球运动员黄金生涯背后到底隐藏着什么秘密，造成球员之间黄金生涯年限差异巨大的原因是什么？什么样的引援策略能将效率最大化？基于以上问题，本文从球员各项基本数据出发，对足球运动员黄金生涯年限影响因素进行探索。

点评：最后一段文字带有一点球迷的情怀。然而最后的连续提问，容易误导读者。例如，"什么样的引援策略能将效率最大化"，看起来完全是另外一个研究问题。

整体点评：范例三的选题是足球运动员黄金生涯年限。比起前两个范例，范例三的文字充实了许多，段落的篇幅适中。既有对整个行业的介绍，又有详细的对著名球星的论述。范例三的不足之处在于文字描述的水平需要提高，段落之间的逻辑也需要加强。

第2章
数据的获取与描述

本章主要介绍如何获取数据，如何写数据介绍与说明，以及数据描述如何呈现"外表美"和"内在美"。

2.1　TASK3 数据的获取

确定了选题之后，需要获取相应的数据来支持分析。数据的获取有以下几个常见途径，即从公开数据源获取、利用网络爬虫抓取数据及设计调查问卷收集数据。比较权威的公开数据源包括以下几个。

（1）国际货币基金组织。

（2）世界银行。

（3）世界卫生组织。

（4）经济合作与发展组织。

（5）中国国家统计局。

（6）UCI 数据库。

此外，狗熊会公众号也为读者提供了大量的行业数据。

接下来，花一点篇幅简单介绍网络爬虫。网络爬虫，即编写计算机程序访问互联网中的网页。网络爬虫最初被搜索引擎使用，爬虫获得网页网址及对应的内容，用来匹配用户搜索结果。这种爬虫相对专业，对非搜索引擎来说用处不大。由于网络爬虫可以自动访问网页并记录网页对应的内容，网络爬虫后来被用作数据获取工具。这里主要介绍用来做数据获取工具的网络爬虫。

爬虫只是批量自动访问网页一类的工具，核心功能是访问网页。网页中的素材存在于网站所在的服务器上，当这个服务器收到一个访问请求时，它会把对应的素材发送到请求发出的地方，这就是为什么人们通过浏览器可以看到别人服务器上的内容。换句话说，浏览器是一种访问网页的工具，大部分编程语言中都有访问网页的工具包，如 Python 的 urllib、R 的 curl 及众多的独立框架。这些工具实现了一个主要的功能，就是向目标服务器发送请求，并等待接收目标服务器的反馈。例如，浏览器访问狗熊会主页，可以看到服务器返回了 HTML 文件、图片素材等内容，这些内容被浏览器重新组织渲染，形成了我们看到的网页的样子，如图 2-1 所示。编程语言中的网页访问工具也能获得同样的内容，也可以对其进行分析与记录。

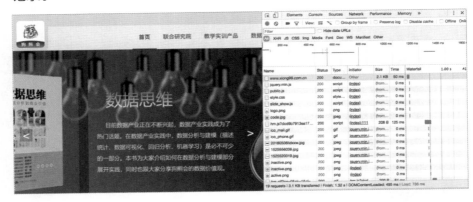

图 2-1　网页与网络传输内容示例

为了获取数据，只有访问页面的功能还不够方便，需要批量自动地完成。使用编程语言，可以方便地定义访问顺序、数据存储方式及遇到异常如何处理。"批量自动"的功能很容易实现，相当于批量用程序做其他工作。爬虫的困难之处在于解析从服务器收到的内容，并将它变成我们感兴趣的数据，这里可能需要对字符串进行处理，也可以借助第三方的网页源代码处理工具包，如 Beautiful Soup 等。如图 2-2 所示，网页中的图表对应着 HTML 源代码的不同元素。

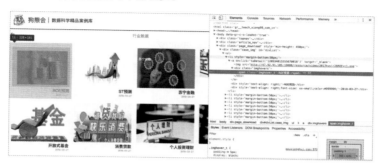

图 2-2　网页中的内容与源代码的对应

此外，由于批量爬虫需要等待服务器响应，效率相对较低，可以通过多进程多线程的设计来充分利用资源。利用网络爬虫抓取数据较有技术难度，需要读者熟练掌握 R 或 Python 等语言。在这里不做过多的展开，而是提供有用的参考书目。[①]

接下来，将重点介绍如何设计调查问卷。

调查是获取一手数据的重要方式之一。通常而言，调查是指为了了解总体的某些属性特征，而对其中的所有或部分个体开展信息搜集的系统方法。之所以称其为"系统方法"，是因为在成本和数据质量的约束下，方案设计、数据收集、加工和分析等环节需要遵循一系列的基本原则。调查方法多种多样，可以从不同的角度来讨论分类，这里主要关注问卷调查，问卷调查包含以下环节。

（1）明确调查目的。这通常是由研究问题所确定的，也就是想通过此项调查获得哪些数据来支撑你的研究。

（2）规划调查方案。一个好的调查方案会帮助你明确调查的具体细节，为顺利开展调查夯实基础。调查方案应包含但不限于如下内容：调查背景

① Richard Lawson. 用 Python 写网络爬虫 [M]. 李斌，译. 北京：人民邮电出版社，2016.

和目的、调查对象和内容、抽样设计、调查流程和数据收集方法，分工、进度安排和预算。

（3）设计调查问卷。问卷内容将决定会采集到什么样的数据，这一环节也是本节的重点，将在后文展开详细阐述。

（4）发放问卷、执行调查。结合第二个环节所确定的抽样方法和样本量，具体执行本次调查。发放问卷之前，注意对访员进行适当培训，以控制数据质量。

（5）分析数据。这一步实际包含了对数据的编码、核查、预处理和分析，前三者是重要基础。

（6）撰写调查报告。在普通的数据分析报告的基础上，调查报告应补充介绍调查方法、描述样本特征（包括样本量、样本的人口学特征等）。由于篇幅有限，无法对所有环节一一展开阐述，本节将重点介绍问卷设计方法。

相信很多读者在开展问卷调查时，都经历过这样的情况：设计问卷时感觉并无难度，几道单选题、多选题组合起来就构成了一套问卷。但是，到了数据分析、撰写报告的环节就无从下手了，好像什么也分析不出来！这种情况可以归纳为 5 个字，即"所得非所需"，而其根源在于"所问非所需"。也就是说，问卷的设计环节出现了问题，导致收集上来的数据无法满足研究需求。怎么解决呢？

正所谓"有方法才有提升"，下面对问卷设计的必要流程、具体要求和设计技巧进行详细介绍，希望能对大家有所启发。为了方便解释相关概念，将结合一个示例问卷（本节末尾的附录）来展开具体阐述。

2.1.1 搭建框架

在正式动手设计问卷之前，首先一定要明确问卷中将会出现哪些内容，或说将要采集哪些数据来服务研究主题。这可以通过搭建一个问卷框架来实现，这个框架通常包含三大部分，即中心概念、核心内容和具体问项（表 2-1）。首先，中心概念也可理解为一级指标，一般由研究主题直接获得，如微信问卷的中心概念就由"使用情况"和"需求满足情况"两方面构成。中心概念的作用在于进一步明确问卷调查的主题，确保不会遗漏重要内容。其次，核心内容是对中心概念的阐述，也可以理解为一级指标下面包含了二级指标。核心内容并不会体现在具体的问题设计当中，但可以帮助问卷设计者将整个问卷模块化、逻辑化。最后，具体问项是每一项核心内容的具体细化条目，是会直接出现在问卷中的问题内容，决定了最终能获得哪些数据。

表 2-1　问卷框架示例

中心概念 （一级指标）	核心内容 （二级指标）	具体问项 （三级指标）
1. 使用情况	1.1 使用广度	1.1.1 微信用户占比 1.1.2 使用时间 1.1.3 获知渠道
	1.2 使用深度	1.2.1 依赖程度 1.2.2 持续使用情况 1.2.3 功能了解程度 1.2.4 替代性
2. 需求满足情况	2.1 主观满意度	2.1.1 功能多样 2.1.2 获取信息 2.1.3 情感交流 2.1.4 人性化设计 ……

值得注意的是，核心内容和具体问项一般不能直接获取，而是要在深入理解研究主题的基础上归纳形成。具体做法就是事先调研，即结合研究主题开展以下工作。

（1）文献调研。获得以往类似研究的相关内容和问项。

（2）焦点小组访谈、深度访谈。获得具有一定深度的第一手资料，增强研究内容的时效性。

（3）开放式问卷调查。获得具有一定广度的第一手资料。

（4）对以上调研获得的条目进行汇总。经过合并、去重等步骤后，一般就可以得到既全面又有时效性的问项内容。

2.1.2　确定问题形式

问卷中常见的问题形式包括封闭式问题和开放式问题，而单选题、多选题、排序题及量表题都是常见的封闭式问题的表现形式。这里不再对各种问题形式的概念一一展开介绍，表 2-2 列出了几个示例，方便读者理解。

表 2-2　问卷中的常见问题形式及示例

问题形式		示例
开放式问题		Q20. 您希望微信可以做哪些改进？（请留下您的宝贵意见）_____
封闭式问题	单选题	Q9. 您觉得微信的使用对手机移动通信（电话、短信）的使用有何影响？ A. 基本代替手机移动通信的使用 B. 减少了手机移动通信的使用 C. 对手机移动通信的使用没有影响 D. 不好说
	多选题	Q7. 您觉得微信的哪些功能最好？（多选，最多三项） A. 聊天　　　　B. 添加好友　　　C. 实时对讲机功能 D. 朋友圈　　　E.QQ 邮箱提醒　　F. 游戏 G. 微信扫一扫　H. 通讯录安全助手 I. 其他（请注明内容：_____）
	排序题	Q7-1. 您觉得微信的哪些功能最好？请选出三项功能并排序，序号写在选项后面的横线上。 A. 聊天 ____　　　B. 添加好友 ____　　C. 实时对讲机功能 ____ D. 朋友圈 ____　　E.QQ 邮箱提醒 ____ F. 游戏 ____　　　G. 微信扫一扫 ____ H. 通讯录安全助手 ____　　I. 其他（请注明内容：_____）
	量表题	有关微信的一些陈述，请在符合您实际想法的位置打"√"。 Q10. 微信是一种获取信息的有效渠道。 A. 非常不同意　B. 比较不同意　C. 一般 D. 比较同意　　E. 非常同意

如果说搭建问卷框架可以帮助梳理问项内容，那么确定问题形式就是决定所采集的数据类型，这点也是特别需要强调的。

结合表 2-2 来看，如果采用开放式问题，那么得到的数据通常是半结构化或非结构化的文本数据，后期需要经过烦琐的加工处理才能整理成结构化的、易于分析的数据。如果采用封闭式问题，得到的显然是结构化的数据，省去了大量的加工成本。但是，这并不意味着开放式问题完全不可用。对于意见、建议征集或其他无预设标准答案的题目而言，开放式问题仍然是最佳的选择。

值得注意的是，虽然表 2-2 所示的 4 种封闭式问题得到的都是结构化数据，但由于答项的设计不同，最后得到的数据类型也有所差别。例如，单选题、多选题得到的通常是定性数据（定类数据或定序数据），主要通过柱状图、饼图、频数频率表及列联表等手段进行统计分析，大多停留在描述分析的层面；通过量表（五级或七级、评分式）可以得到定量数据，满足后续更为复杂的数据分析要求，如回归分析、多元分析（因子分析、聚类分析等）。当然，不能绝对地说哪种问题形式好、哪种数据类型优，只是希望大家在设计问卷时，提前把后续的数据分析也纳入思考范畴。带着分析需求来设计问题，会让问卷更有针对性。

2.1.3　选措辞、排结构

经过前面两个步骤，问卷已经基本成型，接下来需要将它落实到纸面上，需要决定的就是每一个问题的措辞表达和位置摆放。

问题的措辞表达应与受访者的认知能力相适应，基本要求是准确、优雅。前者指的是受访者清楚理解问题所指，而后者指的是让受访者以一种轻松舒适的心情配合调查。这两个要求共同保障了"所答即所需"。表 2-3 列出了问项措辞、答项设置的若干基本原则及对应的反例和修改方案，供大家参考。其中，前三个原则是为了满足"准确"的要求，后两个原则保证了问卷的"优雅"。

问题的位置摆放涉及整个问卷的布局问题。一般而言，一份问卷包含四大部分，即开头（标题、开场白、填表说明、问卷编号）、正文（核心问项、背景信息）、结束语（感谢、联系方式）及作业记载（访员信息、调查时间等）。日常使用的问卷通常可以更简单一些，只包含前三个部分。

表 2-3　问项措辞原则、示例及修改建议

避免复合内容	错误示例	Q1. 您认为某航班安全准时吗？
	点评和建议	安全和准时是两个概念，不应在一个问项中同时测量，考虑两个概念是否都必须测量，若是，则设为两个单独的问题。
	修改方案	Q1-1. 您认为某航班安全吗？ Q1-2. 您认为某航班准时吗？
避免指代不明	错误示例	Q2. 这附近有超市吗？
	点评和建议	"这""附近"指代不明，应指明具体范围。
	修改方案	Q2-1. 您家 1 千米以内有超市吗？
避免答项缺失	错误示例	Q3. 您一般用什么方式或交通工具上班？ ①步行　　②公共汽车　　③自行车　　④私人汽车
	点评和建议	遗漏了一种重要方式"地铁"，同时考虑到难以保证涵盖全部方式，应补充"其他"选项让受访者自行补充。
	修改方案	①步行　　②公共汽车　　③自行车　　④私人汽车 ⑤地铁　　　⑥其他 _____
避免感情色彩	错误示例	Q4. 您至今未买计算机的原因是什么？ ①买不起　　②没有用　　③不懂　　④软件少
	点评和建议	"买不起""不懂"都是带有贬义的表达，应改为中性的表达方式。
	修改方案	①价格高　　②用途少　　③不了解性能 ④软件少　　⑤其他 _____
避免造成折磨	错误示例	Q5. 最近 3 年您与父母吵架的次数是多少次？
	点评和建议	时间太长，难以回忆，建议重新思考需要测量的概念，如可能请缩减时间段。
	修改方案	最近 1 个月您与父母吵架的次数是多少次？

开头部分的标题和开场白都应简明扼要，后者应至少包含"我们

是谁""因何目的需要开展调查""需要您做什么""数据是否商用或保密""感谢"等信息（具体请参见示例问卷）。

正文部分的核心问项指的是前面就已经设计好的具体问题，应按照从易到难的原则来排序，即先封闭性问题、后开放性问题；先客观性的核查问题、后主观性的态度问题。同时，建议核心问项最好按类编排，也就是按照问卷框架中的"核心内容"实行问卷模块化。背景信息一般包含与受访者个人有关的特征，如年龄、性别、婚姻状况、工作单位属性、收入情况等。因为涉及个人隐私，建议将这部分内容放在核心问项之后。一方面，可以节省受访者时间，保证核心问项的回答质量；另一方面，避免因敏感性让受访者感到不安，拒填问卷。

2.1.4 评估、预测试

问卷正式发放之前，必不可少的两个步骤是评估和预测试。

1. 问卷评估

问卷评估是指请专业人士对问卷进行"挑刺儿"，包括问项是否有必要？是否所问非所需？提问形式是否恰当？答项是否完备？措辞用字是否得当？提问逻辑是否合理？字词句是否有错误？是否有难以回答的问题？排版是否合理、美观？标题和开场白是否有误导人之处？……从内容到表达，再到排版，全方位地对问卷进行评价和审议，以保证获取数据的质量。这里需要强调的是，评估专家应为熟悉研究主题的学者、专业人士等，或至少是熟悉问卷设计的专家。

2. 问卷预测试

问卷预测试就是请潜在的受访者进行试填。人数没有具体要求，一般10~15人比较适宜。注意，参加预测试的人一定是来自目标总体。请他们填写问卷后，通过访谈的形式来了解以下问题：指导是否足够清楚？所有问项是否能被充分理解？回答时间是否符合预期？问卷的外观、内容等是否激励受访者合作？……此外，还可以运用在预测试中采集到的10~15条观测数据做初步的描述分析，检查分析结果与预期结果是否有矛盾。

至此，问卷已经设计完毕，可以正式发放。最后，特别想和大家分享的一句话："有方法才有提升。"希望大家能够按照科学的方式来设计问卷，执行调查，把控数据质量，严谨开展研究。

2.1.5 课后作业

读者可以到各种公开数据源处获取数据，或设计一个调查问卷收集数据。如果你的编程能力较强，可以考虑写爬虫抓取数据。注意，要根据能够获得的数据调整选题及背景介绍的文字。有时候一个心仪的选题可能缺少数据支持，所以往往需要根据可获取的数据适当调整选题。

附录　示例问卷

问卷编号：　　　　调查员：　　　访问地点：　　　时间：　　年　月　日

大学生微信使用和需求满足情况调查问卷

亲爱的同学：

　　您好！我们是统计与数学学院的学生，正在进行关于大学生微信使用和需求满足情况的问卷调查，需要了解您的微信使用情况，以及微信对您生活、学习等方面的影响。您的帮助将有利于研究微信的普及度及其在大学校园中的渗透程度。您的回答无关对错，调查结果仅用于研究，绝不泄露。耽误您几分钟时间，希望得到您的理解和帮助，感谢您的支持！

　　填写说明：①若未特别说明，即为单选；②请在您认为合适的选项上打"√"。

Q0. 您是否使用过微信？

A. 使用过　　　　　　　　B. 未使用过（选 B 结束访问）

一、微信使用情况

Q1. 您是从何时开始使用微信的?

A.2011 年　　　　B.2012 年　　　　　C.2013 年

Q2. 您最初是从哪种渠道知道微信的?

A. 他人推荐　　　　　　　　　B. 自己通过网络媒介获知

C. 自己通过传统媒体（如报纸、广播、电视等）获知

D. 其他 _____

Q3. 您登录微信的频率:

A. 每天都登录　　　　　　　　B. 每周都会登录但并非每天登录

C. 半个月登录一次　　　　　　D. 一个月以上登录一次

Q4. 您最近一个月使用过微信吗?

A. 使用过 (请跳至 Q6)　　　　B. 未使用

Q5. 您最近一个月没有使用微信的原因是什么（多选,最多三项）?

A. 不如其他聊天工具使用方便　B. 没有需要的功能

C. 觉得浪费时间　　　　　　　D. 网络限制（如手机流量限额等）

E. 其他 _____

Q6. 您使用过微信的哪些功能?（可多选）

A. 聊天　　　　　　B. 添加好友　　　　　C. 实时对讲机功能

D. 朋友圈　　　　　E.QQ 邮箱提醒　　　　F. 游戏

G. 微信扫一扫　　　H. 通讯录安全助手　　I. 其他 _____

Q7. 您觉得微信的哪些功能最好（多选,最多三项）?

A. 聊天　　　　　　B. 添加好友　　　　　C. 朋友圈

D. 实时对讲机功能　E. QQ 邮箱提醒　　　　F. 游戏

G. 微信扫一扫　　　H. 通讯录安全助手　　I. 其他 _____

Q8. 您关注哪些公众账号（可多选）?

A. 不关注　　　B. 财经新闻类　　C. 潮流时尚类　　D. 旅游摄影类

E. 星座心理类　　F. 人生智慧类　　G. 创意搞笑类　　H. 影视音乐类

I. 名人名家类　　J. 知识类　　　　K. 其他 ＿＿＿＿

Q9. 您觉得微信的使用对手机移动通信（电话、短信）的使用有何影响？

A. 基本代替手机移动通信的使用

B. 减少了手机移动通信的使用

C. 对手机移动通信的使用没有影响

D. 不好说

二、用户使用微信的需求满足情况

下表是有关微信的一些陈述，请在符合您实际想法的位置打"√"。

	非常同意	同意	一般	不同意	非常不同意
Q10. 微信是一种获取信息的有效渠道					
Q11. 通过微信可以将自己所拥有的信息与他人分享					
Q12. 微信具有低流量、低成本的特点					
Q13. 微信有效地结合了短信与语音功能					
Q14. 微信是一种有效的娱乐消遣方式					
Q15. 微信的界面简单易操作					
Q16. 微信可以使您和朋友的联系更加频繁和密切					
Q17. 微信提供了媒介情境，不单纯面对面交流					
Q18. 通过发微信可以有效地排解寂寞，宣泄不快					
Q19. 微信能随时记录自己的心情和近况					

Q20. 您希望微信可以做哪些改进？（请留下您的宝贵意见）

_____

三、微信用户基本特征

Q21. 您的性别：

A. 男　　　　　　B. 女

Q22. 您的学历：

A. 专科生　　　B. 本科生　　　C. 研究生（硕士生、博士生）

再次感谢您的配合！祝您生活愉快！

2.2　TASK4　数据介绍与说明

2.2.1　数据变量说明表

"数据介绍与说明"是数据分析报告中必要且重要的环节。读者能够通过数据介绍与说明，了解数据的来源、数据中包含的变量及变量的基本情况等。在介绍数据变量时，非常忌讳简单的罗列。例如，下面就是一个错误示范。

本数据包含了以下变量。

年龄：嗯，没啥可说的。

性别：也就是男和女。

收入：都不怎么高。

出生地：包括 20 个城市，贵阳、庆阳、沈阳……

……

这种罗列变量的办法，混乱无逻辑、冗杂无重点。由于现在的数据集都比较大，变量很多，因此，在做数据分析报告的时候，有必要形成一个数据变量说明表，让读者能够一目了然地了解数据情况。一个规范的数据变量说明表（表 2-4）应该包含以下几部分内容。

（1）要有表格标题。一般在表的上方，报告中的表格要有标号。

（2）要标注表头。变量说明表的表头不宜过多，一般包括变量类型、变量名称、取值范围、单位、详细信息、备注等。可以灵活调整，并且无需太详尽，给出总括即可。

（3）变量的归纳分组。中文报告尽量以中文命名。如果有因变量和自变量，需要标明。自变量的展示要根据内容进行归纳分组。如表 2-4 所示，将自变量分成驾驶员因素和汽车因素。

表 2-4　数据变量说明表

变量类型		变量名	详细说明	取值范围	备注
因变量		是否出险	定性变量（2 水平）	1 代表出险；0 代表未出险	出险占比 28.46%
自变量	驾驶员因素	驾驶员年龄	单位：岁	21~66	只取整数
		驾驶员驾龄	单位：年	0~20	只取整数
		驾驶员性别	定性变量（2 水平）	男 / 女	男性占比 89.18%
		驾驶员婚姻状况	定性变量（2 水平）	已婚 / 未婚	已婚占比 95.15%
	汽车因素	汽车车龄	单位：年	1~10	只取整数 建模时离散化
		发动机引擎大小	单位：升	1~3	建模时离散化
		是否进口	定性变量（2 水平）	是 / 否	国产车占比 70.16%
		所有者性质	定性变量（3 水平）	公司 / 政府 / 私人	私人车占比 71.50%
		固定车位	定性变量（2 水平）	有 / 无固定车位	有车位占比 83.77%
		防盗装置	定性变量（2 水平）	有 / 无防盗装置	无防盗占比 77.60%

（4）备注说明。数据变量说明表也可以发挥描述分析的作用，为后面的统计分析分担一部分工作。例如，驾驶员性别这个变量有两个取值。在后续的描述分析环节，没有必要采用饼图来展示性别的分布，可以在数据说明表的备注里说明男性（或女性）的占比。

以上的制表基本原则被进一步整理在图 2-3 当中，供各位读者学习使用。

• 要有表格**标题**，一般在表格上方；报告中的表格需有**标号**

表2-4 数据变量说明表

变量类型		变量名	详细说明	取值范围	备注
因变量		是否出险	定性变量（2 水平）	1 代表出险；0 代表未出险	出险占比 28.46%
自变量	驾驶人因素	驾驶员年龄	单位：岁	21~66	只取整数
		驾驶员驾龄	单位：年	0~20	只取整数
		驾驶员性别	定性变量（2 水平）	男 / 女	男性占比 89.18%
		驾驶员婚姻状况	定性变量（2 水平）	已婚 / 未婚	已婚占比 95.15%
	汽车因素	汽车车龄	单位：年	1~10	只取整数 建模时离散化
		发动机引擎大小	单位：升	1~3	建模时离散化
		是否进口	定性变量（2 水平）	是 / 否	国产车占比 70.16%
		所有者性质	定性变量（3 水平）	公司 / 政府 / 私人	私人车占比 71.50%
		固定车位	定性变量（2 水平）	有 / 无固定车位	有车位占比 83.77%
		防盗装置	定性变量（2 水平）	有 / 无防盗装置	无防盗占比 77.60%

• 标明**因变量**、**自变量**
• 自变量合理分组

• 表中元素为中文，表意明确（如变量名称），切忌直接粘贴代码中的英文

• 需要标注表头
• 在表格内容需有简单的文字说明

• 表格中统一**字体**、**样式**，注意排版不要一行只放单独一个字
• 如有小数数字，保留两位为宜

• 内容上，以变量说明表格为例，需要对变量进行简单说明，如单位、定量或定性等；定量变量给出范围，定性变量给出取值水平

图 2-3　制表基本原则（以变量说明表为例）

2.2.2　用 PPT 介绍数据

在利用 PPT 进行数据介绍的时候，形式可以更加灵活（但篇幅不宜过多，尽量不超过 3 页）。下面是一个关于车联网的分析报告的变量介绍（图 2-4 和图 2-5）。14 个变量被归纳成了 5 个维度，除了变量的名称，一些变量的计算方法和含义也做了简单的展示说明（关于 PPT 的制作，将在 TASK 14 中进行详细的讲解）。

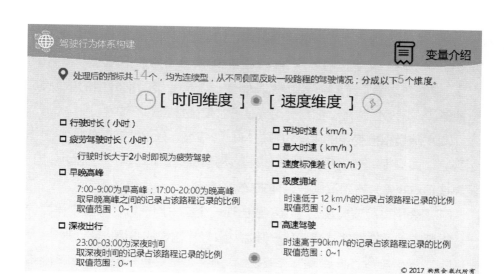

图 2-4　用 PPT 展示变量（一）

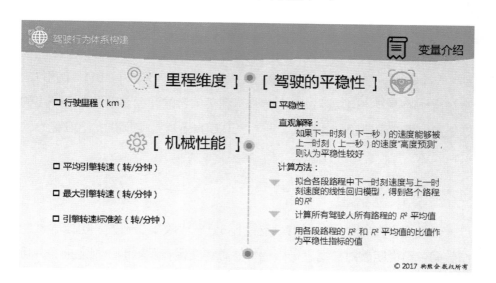

图 2-5　用 PPT 展示变量（二）

2.2.3　常见的问题

数据介绍与说明虽然是一个相对简单的任务，但在执行过程中仍然有许多事项需要注意。

（1）在进行数据介绍与说明的时候，如果是报告，需要辅以1~2段简短的文字说明。文字说明是告诉读者数据的来源（如数据爬取自××网站）、样本量、每一条样本观测代表什么，以及变量归纳分组的依据等。介绍时应时刻换位思考，把自己当成读者，增强报告的可读性。

（2）尽量根据变量的含义对其进行归纳分组。分组的数量保持在3~5组为宜。如果根据变量的类型（离散型还是连续型）对其进行归纳分组，逻辑性相对较差，不建议读者这样去做。

（3）表格排版要美观。尽量不要出现一个字占用一行，并且字体要统一。排版的美观性能够让读者从一开始就以轻松愉悦的心情去阅读报告。

（4）学会制作"三线表"。三线表，顾名思义只有三条线。上下两条线，是表格的上下边缘；中间的一条线区分了列标题和表的内容。表格的上下线可以加粗，这样比较美观。这种表格非常简洁清晰，建议读者尽可能在报告中使用。

（5）在介绍数据的时候，有的变量取值范围很大，如上限达到亿的级别。这个时候，在数据说明表中直接书写类似于"350 084 511"的形式，虽符合出版规范，但实际过程中有些不利于读者的阅读。稍微贴心一点的做法是，写成逗号切分的样式，即"350,084,511"，或写成"3.5亿"的近似表达。

2.2.4　课后作业

假设读者在TASK 3的课后作业部分已经收集了数据，可以尝试制作数据变量说明表对数据进行介绍，注意将变量有逻辑地分组汇报，并且配以1~2个段落的简要文字说明。提交一页PDF，呈现你的结果。

如果还没有完成数据收集的工作，进入狗熊会公众号，输入"行业数据"。选择一个感兴趣的数据集，尝试完成这个作业。

2.3 TASK 5 数据的描述——外表美

2.3.1 描述分析简介

描述分析是数据分析报告中非常重要的环节。描述分析的主要内容包括以下几点。

（1）用统计图初步展示数据。统计图是最能吸引读者的工具，能够给人留下深刻的印象。

（2）用统计表及各种统计指标对数据进行描述。有的时候，并不适合用统计图展示数据，那么统计表（如频数分布表）或简单的统计指标（如均值、标准差等）也是很好的选择。

（3）适当解读描述的结果。描述分析的重点在于对统计图表的解读。单独展示统计图表并没有太大的意义，根据统计图表"讲故事"，从统计图表中发现问题才是描述分析的真正目的。

想写好描述分析，需要"内外兼修"。这个 TASK 重点讲解"外表美"，也就是描述分析的整体规范和统计图的规范。

2.3.2 描述分析的整体规范

描述分析的整体规范需要注意篇幅、排版和逻辑 3 个方面的事项。

1. 篇幅

如今的数据，指标非常丰富，动辄上百个变量。如果一个变量绘制一个统计图，那么将会轻松地完成一本"丑图集锦"。这个时候，就不能在报告中展示所有变量的描述分析结果，而要有所取舍。一份长度适中（10页左右）的数据分析报告，描述分析的篇幅在 3 页左右比较合适。

2. 排版

描述分析部分的排版容易出现的问题是图表尺寸太大，或一页报告全是图表没有文字。在排版的时候尽量不要一个图挨着一个图，而是统计图和描述性的文字穿插进行。注意，也不要出现大篇幅的留白。图 2-6 是一个较好的示范。

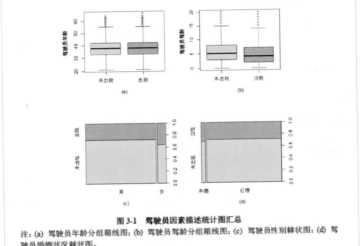

图 3-1　驾驶员因素描述统计图汇总

注：(a) 驾驶员年龄分组箱线图；(b) 驾驶员驾龄分组箱线图；(c) 驾驶员性别棘状图；(d) 驾驶员婚姻状况棘状图。

（二）自变量：汽车因素

案例数据中汽车因素包括 6 个变量：汽车车龄、发动机引擎大小、是否进口车、所有者性质、是否有固定车位和是否防盗装置。

首先将车龄变量和引擎大小变量进行离散化处理，即将车龄为 1 年的看作是新车，车龄大于 1 年的看作是旧车；将引擎小于等于 1.6 升的车看作是普通级，引擎大于 1.6 升的看作是中高级。从图 3-2 可以看出，新车出险率更高，普通级车辆出险率更高。因此可以初步判定汽车车龄和车辆级别会影响出险行为。

从图 3-3 可以看出，有防盗装置、有固定车位、进口车以及私人车的出险率略高。值得注意的是，样本量在有无防盗装置、有无固定车位、是否进口车和所有者性质的不同水平之间，分配并不均匀。因此，这种差异是否显著，需要借助后续建模结果进行判断。

图 2-6　一个美观的排版及变量归纳分组示范

3. 逻辑

学会对变量进行归纳分组非常重要（在 TASK 4 中已经做过类似的练习）。将能够归纳成组的变量整合在一起作图汇报，而非一个个单独进行描述。图 2-6 的示例中，将 4 个驾驶员因素（年龄、驾龄、性别和婚姻状况）归纳在一起进行统计图的展示。

2.3.3　统计图的规范

想要画好统计图并不是一朝一夕的训练能够速成的，而是要大量的练习并不断精益求精地改进。一个完整的统计图应该包含以下几个要素及注意事项。

（1）要有图标题，一般在图的下方，标题要简洁明了。同时，报告中的统计图要有标号。

（2）横轴和纵轴要标注清楚。如果有单位，需要注明。

（3）图的标题、横轴和纵轴等，出现的文字要统一和准确，不要混用。写中文报告，尽量标注中文。

（4）图的比例要协调。

（5）图的内容要正确、简明，避免出现不必要的标签、背景等。

（6）注意图的配色。数据分析报告尽量选择饱和度低的颜色。

（7）要有适当的评述。

图 2-7 为作图基本原则，供读者学习。

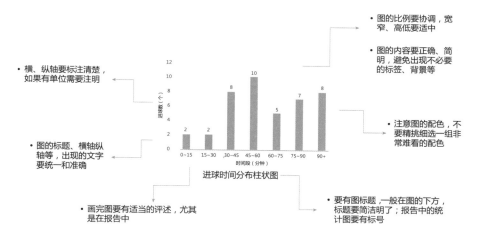

图 2-7　作图基本原则

2.3.4 课后作业

延续上一个 TASK 的作业，尝试对所选取的数据进行描述分析，主要是作图的工作。请规范统计作图，然后汇报那些"有故事"的统计图。具体的汇报工作会在下一个课后作业中提出详细的要求。

2.4 TASK₆ 数据的描述——内在美

2.4.1 准确使用统计图

统计图的使用首先要满足的是"准确"，即使用恰当的统计图去描述数据。在此归纳总结各种常用的统计图所适用的场景。

1. 单个变量

单个定性变量（如学历）：柱状图、条形图、饼图、环形图。反映的是定性变量（学历）的各个水平（如小学、初中、高中等）的频数分布或占比。

单个定量变量（如年收入）：直方图、箱线图。反映的是数据的分布情况，包括对称性、是否有离群点等。

单个时间序列变量（如产品销量）：折线图。反映指标随时间的变化趋势。

单个变量作图示意如图 2-8 所示。

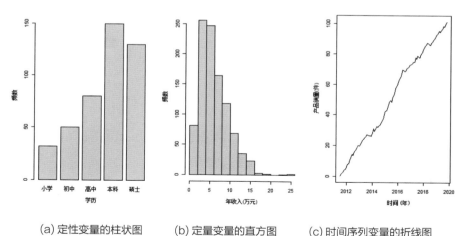

(a) 定性变量的柱状图　　(b) 定量变量的直方图　　(c) 时间序列变量的折线图

图 2-8　单个变量作图示意

2. 两个变量

两个定性变量（如学历和性别）：堆积柱状图。反映的是交叉频数（如初中学历的男性、高中学历的女性等）的分布情况。

两个定量变量（如月收入和月消费）：散点图。反映两个定量变量的相关关系（正向相关、负向相关等）。

一个定性变量和一个定量变量（如学历和年收入）：分组箱线图。用于对比不同组别（如高中学历和初中学历）在某一定量变量（收入）上的平均水平、波动水平等的差异。

两个变量作图示意如图 2-9 所示。

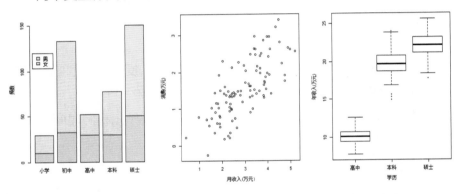

(a) 两个定性变量的堆积柱状图　　(b) 两个定量变量的散点图　　(c) 一个定性变量和一个定量变量的分组箱线图

图 2-9　两个变量作图示意

3. 更多变量

涉及 3 个及更多的变量：气泡图、雷达图、相关系数矩阵的可视化等。注意，作图不是为了"复杂"，建议初学者谨慎使用。

2.4.2　写好描述性文字

如前所述，现在的数据变量很多。在整理一份数据分析报告之前，可能要做很多描述分析的尝试，最后从中选择"能讲出故事"的统计图。

描述性文字的撰写可以分为两个层次。第一个层次称为客观陈述，即描述统计图所展现的现象。例如，直方图的分布形态、柱状图中各个类别的频数多少等。这个层次的描述性文字相对容易，主要是做到用语准确，尤其是与统计学相关的术语。第二个层次称为合理推断，即解读统计图背后的原因，推测数据为什么呈现出某种规律。这个层次的描述性文字相对较难，需要撰写者深入思考，给出合理解释。对于初学者来说，通过大量的练习能够比较容易掌握第一个层次叙述。至于第二个层次，需要多接触各行各业的数据及了解业务问题，才有可能更加合理地挖掘数据背后的故事。

这里通过几个示范，详细为读者说明怎样写好描述性的文字。

示范一：对二手房单位面积房价进行描述

本案例所关心的因变量是单位面积房价（单位：万元／平方米）。从直方图中可以看出，单位面积房价是呈现右偏分布的，如图2-10所示。具体来说，单位面积房价的均值为6.12万元／平方米、中位数为5.74万元／平方米。这一现象符合人们对于房价的基本认知，即存在少数天价房，从而拉高了房价的平均水平。在本案例中，单位面积房价的最小值为1.83万元／平方米，所对应的房屋是某地的一套两居室，总面积100.83平方米；最大值为14.99万元／平方米，所对应的房屋是某地的一套三室一厅，总面积77.40平方米。

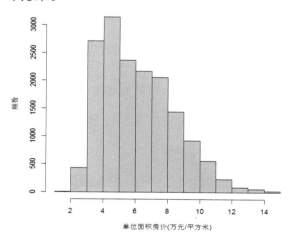

图2-10　二手房单位面积房价直方图

点评：这段描述性文字有两个优点值得学习。第一，整段文字用语非常规范，对于统计图的陈述非常准确（如直方图右偏）。第二，描述性文字有"整体"，又有"细节"。"整体"是指从直方图中可以看出样本数据的分布情况；"细节"是指除此之外，还详细说明了最贵的和最便宜的二手房的情况，避免了描述性的文字停留在泛泛而谈的层面。细节的展示充实了描述性文字的内容，能引起读者的兴趣。

示范二：对驾驶员因素进行描述

驾驶员因素共包含 4 个变量：驾驶员年龄、驾驶员驾龄、驾驶员性别和驾驶员婚姻状况。

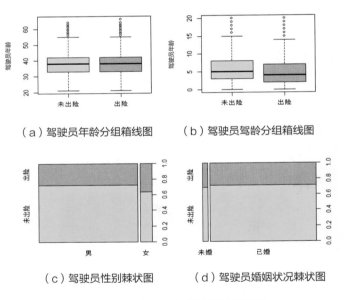

（a）驾驶员年龄分组箱线图　　（b）驾驶员驾龄分组箱线图

（c）驾驶员性别棘状图　　（d）驾驶员婚姻状况棘状图

图 2-11　驾驶员因素描述统计图汇总

通过图 2-11，能够得到以下结论。

（1）驾驶员年龄：从图 2-11（a）所示的箱线图可以看出，出险和未出险驾驶员年龄的平均水平（中位数）和波动水平的差异并不明显。

（2）驾驶员驾龄：从图 2-11（b）所示的箱线图可以看出，出险驾驶员驾龄的平均水平（中位数）要明显低于未出险驾驶员，说明新手驾驶员更有可能出险。

（3）驾驶员性别和婚姻状况：从图 2-11（c）和图 2-11（d）所示的棘状图可以看出，女性驾驶员的出险率更高，但样本量远小于男性驾驶员；未婚驾驶员出险率略高，但样本量远小于已婚驾驶员。

初步的结论是驾驶员的性别和婚姻状况可能对出险行为有影响，这种影响也可能是由于数据本身的样本量差异形成的。

点评：这个案例有一个明确的因变量——驾驶员是否出险。驾驶员因素包括驾驶员的性别、年龄和驾龄。在做描述分析的时候，要先想清楚目的，即寻找出险的驾驶员的特征。那么在有限的篇幅内，就不要画一个大饼，展示性别的分布；也无需绘制直方图，查看年龄的分布。不是说这些内容无需查看，而是如果没有特别之处，就无需展示在最后的报告中。相反，报告需要展示不同性别的驾驶员出险水平的差异及不同年龄段的驾驶员出险水平的差异等。读者要牢记，描述分析是为目的服务的。在分析之前，一定要明确分析目标，不要为了作图而作图。这个示范还有一点值得学习，就是用语的把握。描述分析环节的对比，尽量使用"明显"或"不明显"等词汇，而非"显著"和"不显著"这样的语言。"显著"是伴随着假设检验所下的结论，不能通过描述性图表得到。

示范三：各政府部门的市民投诉量

老王作为便民服务电话后台中心的负责人，想方设法提高建议和投诉信息的分类效率。老王想，最近流行数据分析，那么，数据分析的方法能不能解决自己的问题呢？首先他从刚刚过去的 12 月份的处理记录中提取了 2000 条被正确分类的建议、投诉信息，包含市民建议或投诉的文本记录，以及最终受理的政府部门。他想要看看投诉主要集中在哪些部门，于是对记录中各政府部门的受理数量进行了统计。当年 12 月，市水务集团被投诉的最多，而市供电公司与市房地产集团收到的投诉最少，如图 2-12 所示。老王猜测，这可能是因为该城市为北方的某省会城市。这时候城市的气温极低，水管容易破裂，造成街道、楼梯与住房等地方结冰，影响人们的正常生活，故投诉较多。

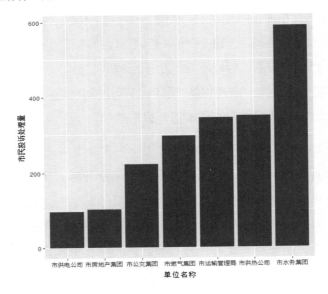

图 2-12　各政府部门的市民投诉量

　　点评：这段描述性文字与之前的两个范例有所不同，它属于一种情景代入性的写法。首先，假想一个角色（老王），他面临着某个业务问题（处理投诉信息），并由此引发了数据分析。后续的描述性文字中，涉及了之前提到过的两个层次：客观陈述和合理推断。客观陈述的是收到投诉最多和最少的部门分别是什么；合理推断的是为何市水务集团收到的投诉最多。

2.4.3　扩展阅读材料

　　关于描述分析的更多材料，进入狗熊会公众号，输入"丑图百讲"。读者可以阅读这一系列的相关推文，了解统计作图"准确、有效、简洁、美观"的基本原则。

2.4.4　课后作业

延续上一个 TASK 的课后作业，选择汇报 3~5 个（组）统计图，每个（组）统计图都要配以翔实的文字进行解读。控制篇幅，不然会变成没有重点的泛泛之谈。提交 3 页 PDF，注意排版，要做到图文穿插。可以先参考 2.5 节的范例再开始工作。

2.5 范例与点评

2.5.1 范例一

变量说明之主播收入数据分析

电子科技大学成都学院 黄圣明

目前，主播可谓是一个相当热门的职业，因为这个行业门槛低、内容广、关注度高、收入高。据统计，2017 年上半年，有的主播半年收入最高达 1652 万元。然而，大多数主播收入在 5 万元以下。那么究竟什么样的主播收入更高呢？本文试图通过数据分析寻找影响主播收入的因素。

点评：这一段属于介绍性文字，写得非常简略，这是正确的做法。在数据说明环节，提及背景是为了过渡，起到承上启下的作用。千万不要在数据说明部分出现冗长的背景介绍。

本次分析报告所使用的数据均为网络抓取数据，共 1628 条。每条数据包括直播间名、主播、订阅数、打赏数等相关信息，共 9 个变量。因为打赏数是主播收入的主要来源，所以视为因变量。考虑到直播类型 2 为直播类型 1 的细化，于是选择保留直播类型 1 的每个类别中所占比例之和超过 80% 的直播类型 2 的类别（共计 12 个水平，其中单机 5 个、手游 3 个、网游 3 个、娱乐 2 个），并将其余类型均设为其他类。具体变量说明如表 2-5 所示。

表 2-5　"直播"数据变量说明表

变量类型		变量名	详细说明	取值范围	备注
因变量		打赏数	单位：个	100~ 448 675 800	
自变量	内容因素	直播类型 1	定性变量 共 4 个水平	1 代表单机游戏 2 代表手游休闲 3 代表网游竞技 4 代表娱乐综艺	9% 为单机游戏 17% 为手游休闲 49% 为网友竞技 25% 为娱乐综艺
		直播类型 2	定性变量 共 13 个水平	穿越火线、星秀、 王者荣耀等	直播类型 1 进一步分类
	描述因素	直播间名	字符型变量	—	直播信息简介
		主播	字符型变量	—	主播网名
		主播公告	字符型变量	—	直播详情 多为播出时段
	表现因素	观看人数	单位：人	3~577 053	—
		订阅数	单位：人	0~4 555 102	—
		现场贵宾	单位：人	1~13 475	—

点评：表 2-5 之前的文字说明很好，让读者迅速了解了数据来源、数据量、每条数据观测的含义等。同时介绍了某些变量处理过程中的细节问题，是对数据变量说明表极好的补充。表 2-5 是数据变量说明表，完成得非常规范，覆盖的内容也比较全面。

2.5.2 范例二

对于打赏数据的描述性分析

中国人民大学 杨舒仪

打赏数分布

因为打赏数的分布呈现严重右偏，采用对数打赏数作图，如图 2-13 所示。在本数据中收获打赏数超 1 亿的"超级网红"直播只有 4 个，其中最大值为 vivi 主播的星秀娱乐直播间，现场观众超 2 万人，打赏数高达 448 675 800（超过 4 亿）。92.16% 的直播打赏数小于 500 万，还有 21 个直播遇冷，打赏数仅为 100。

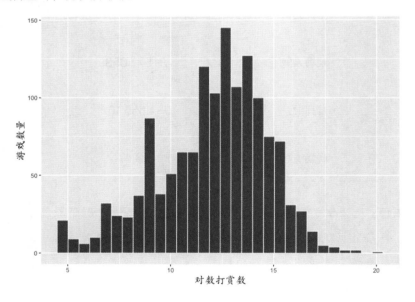

图 2-13 对数打赏数分布直方图

点评：对于因变量的描述，有整体有细节。首先绘制了直方图，查看整体分布情况。其次介绍了"超级网红"，引起读者的阅读兴趣。

观看人数和订阅数对打赏数的影响

观看人数和订阅数都是衡量主播"粉丝"数量的关键因素，如图 2-14 所示。当某主播开始直播时，订阅该直播间的观众将会收到通知，以免错过直播。因此，订阅数与能够吸引多少观众观看紧密相连。订阅数主要体现长期以来主播"粉丝"积累的结果，而观看人数更能代表某场直播对观众的吸引力。

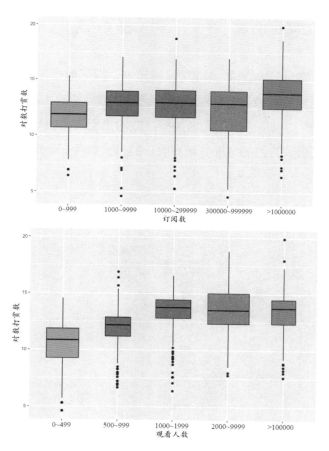

图 2-14 订阅数、观看人数对（对数）打赏数的影响

那么两者对打赏数有什么影响呢？是否主播"粉丝"越多，收获的打赏就越多呢？将订阅数和观看人数按照样本量大致分为5组，并用箱宽代表样本量分别绘制箱线图。从图2-14中可以看出，当观看人数和订阅数增加时，打赏数的确有所增加。例如，当直播订阅数大于100万时，收获打赏（以中位数计的平均水平）明显高于其他水平。

点评：以订阅数为例进行点评。订阅数是一个定量的变量，按理说应该绘制订阅数和打赏数的散点图。感兴趣的读者可以尝试一下，观察效果如何。在实际数据分析的环节中，经常将定量的变量做离散化处理，绘制分组箱线图，能够更加直观地查看数据呈现的规律。

现场贵宾对打赏数的影响

有时候，普通观众的多次打赏累积起来，很可能比不上一次"土豪"级的打赏。现场贵宾数是直播观众中开通贵族或守护的人数，他们不但是主播的"铁粉"，也是能够极大增加打赏数的"土豪"。从图2-15可以看出，随着现场贵宾数目的增加，直播收获的打赏数存在一定增长的趋势。

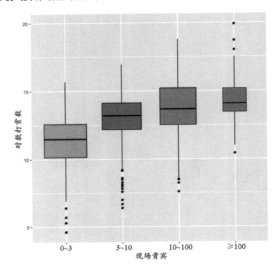

图2-15 现场贵宾数与（对数）打赏数的分组箱线图

点评：细心的读者可能已经注意到，本范例的箱线图的纵轴是打赏数的对数，而非打赏数本身。如果纵轴选取打赏数，会导致箱子被压得很"扁"，既不美观也不利于结果的解读。

直播类型对打赏数的影响

图 2-16 所示为直播类型 2 词云图。

图 2-16　直播类型 2 词云图

直播类型种类繁多，哪种更能赢得观众喜爱，从而收获更多打赏呢？为了方便比较分析，本文选择出现频率最多的 10 种游戏类型绘制箱线图（箱宽与样本量成正比），并用一条水平线标注出对数打赏数的整体中位数，如图 2-17 所示。可以看出，"星秀"类直播打赏数明显高于其他类型，"一起看"类直播打赏数相对落后。"星秀"类主要为唱歌跳舞等才艺表演，主播个人魅力高也更能赢得观众喜爱。而"一起看"类直播主要是放映经典影视剧，在直播平台吸引到的打赏数自然较少。

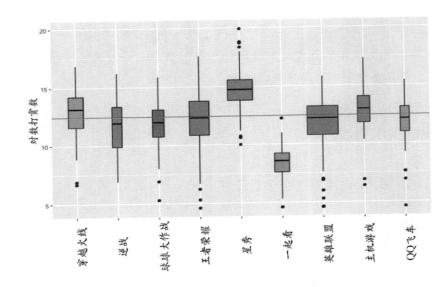

图 2-17　常见 10 种直播类型的（对数）打赏数箱线图

点评：这一段文字的描述，既有客观陈述又有合理推测，完成得非常好。箱线图的水平线标注，是非常好的尝试。

2.5.3　范例三

NBA 球员值不值这份合同——球员薪酬的影响因素分析

江苏大学　王和祥

本文所使用的数据抓取自某篮球运动网站，共 397 条，每条数据代表一个 NBA 球员的相关信息。年薪是 NBA 球员的主要收入来源，也是本文的研究目标，所以视为因变量。自变量归纳为个人能力和发展前景。个人能力包括进攻能力（得分数 + 助攻数 + 前场篮板数）、防守能力（抢断数 + 盖帽数 + 后场篮板数）、是否入选过全明星和场均时间等变量；发展前景包括球龄、年龄、场上位置、球队胜率和球队市值等变量。具体变量说明如表 2-6 所示。

表 2-6　NBA 球员数据变量说明

变量类型		变量名	详细说明	取值范围	备注
因变量		年薪	单位：万美元	7~3468	不包括场外收入
自变量	个人能力	进攻能力	单位：次	0~42.95	得分＋助攻＋进攻篮板（场均）
		防守能力	单位：次	0~12	抢断＋盖帽＋防守篮板（场均）
		是否入选过全明星	定性变量（2 水平）	是／否	全明星占比 13.3%
		场均时间	单位：分钟	2.53~37.75	球员场均上场时间
	发展前景	球龄	单位：年	0~18	在 NBA 打球的年限
		年龄	单位：岁	19~40	—
		场上位置	定性变量（5 水平）	大前锋／中锋／得分后卫等	打多位置取主要位置
		球队胜率	定性变量（3 水平）	高／中／低	高胜率球队占比 23.3%
		球队市值	定性变量（3 水平）	高／中／低	市值高的球队占比 33.3%

点评：数据来源与说明写得非常清楚，易于阅读。在撰写过程中将重点语句做了彩色处理，十分醒目。需要注意的是，在报告撰写的过程中重点标注的词汇和句子不宜过多。

在对 NBA 球员年薪的影响因素进行模型探究之前，首先对各变量进行描述性分析，以初步判断球员年薪的影响因素，为后续研究做铺垫。

因变量：球员年薪

本案例研究的是 2016~2017 赛季 NBA 球员的各方面表现，所以用 2017~2018 赛季球员签订的合同年薪来衡量上个赛季球员的综合表现。NBA 球员年薪的最小值为 7 万美元，所对应的球员是密尔沃基雄鹿队的新秀加里·佩顿二世、圣安东尼奥马刺队的达伦·希利亚德等 5 位球员；最大值为 3468 万美元，来自 2016~2017 赛季总冠军金州勇士队的斯蒂芬·库里。

通过球员年薪的直方图（图 2-18）可以看到，球员年薪明显是呈现右偏分布的。具体来说，球员年薪的均值为 745.6 万美元，中位数为 436.5 万美元。这一现象符合人们对于 NBA 球员年薪的基本认知，即少部分具有篮球运动天赋的顶级球员拿到了超高的合同，拉高了球员年薪的平均水平。

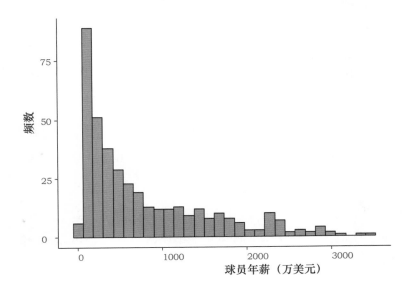

图 2-18　NBA 球员年薪的分布情况

点评：将因变量进行单独说明是一种好的处理方法。由于因变量是最为关键的指标，读者需要了解较为详细的情况，包括分布形态、最大值和最小值等。

自变量：个人能力

为了便于比较球员自变量是否与球员年薪有关，将相关连续变量转为分类变量，如球员进攻能力与防守能力值分成 3 个等级、年龄分成 5 个阶段等。

从图 2-19 可以看出，球员进攻能力与防守能力越强，球员年薪越高。当然，也存在极少数"高薪低能"（如灰熊队的帕森斯，4 年 9000 万美元，上赛季场均 6.2 分、2.5 篮板、0.59 抢断）与"低薪高能"（如太阳队的德文·布克一年 222 万美元，上赛季场均 19.3 分、2.7 篮板、0.87 抢断）的球员。也许是因为某些球员在巅峰时期签下了大合同，此后疏于训练，难以打出之前的高效水平。与之对应，一些年轻的新秀虽拿的是低薪，却在不断提高自己各方面的能力。

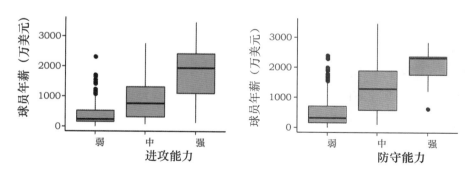

图 2-19　球员进攻能力和防守能力与年薪分布情况

从图 2-20 可以看出，球员上场时间越长，为球队做出的贡献越多，年薪也越高。存在少数明星球员拿到高薪，因为受到伤病困扰，难以上场发挥（艾尔·杰弗森，年薪 1000 万美元）；入选过 NBA 全明星阵容的球员（由教练和球迷投票选出）年薪普遍较高。作为每一个球队的核心，年薪明显和非全明星球员不在一个层次，差距极大，极个别全明星球员（韦德，230 万美元加入骑士队）因为联盟工资帽条款不得不低薪加入其他球队。

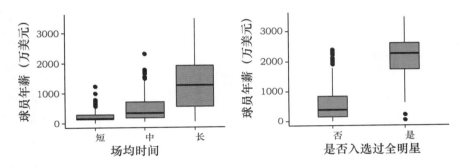

图 2-20　球员是否入选过全明星和场均上场时间与年薪分布情况

自变量：发展前景

从图 2-21 可以看出，27~31 岁是 NBA 球员的黄金时间（29 岁的库里拿到了 5 年 2.01 亿美元的超级合同，这是 NBA 史上最大的合同）。在此之前，球员年薪随着年龄增加逐渐提高，之后便开始下滑，但最低年薪会受到保障；拥有 6~12 年的比赛经验，年薪相对较高（NBA 球员平均职业生涯只有 6 年），这时候的球员身体、技术、心理趋于成熟，比赛经验及对于球队的认同感也提升了一个层次。

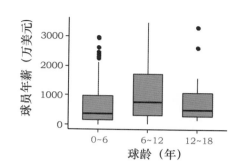

图 2-21　球员不同的年龄和球龄与年薪分布情况

　　从图 2-22 可以看出，球队中担任中锋的球员年薪相对较高（以中位数记），因为他们在场上身体对抗更加激烈，主要负责篮板的拼抢及篮下防守与得分（快船队身体素质极好的小乔丹，年薪 1969 万美元）。年薪相对高一点的是大前锋（以中位数记），其余位置球员并无明显差异。

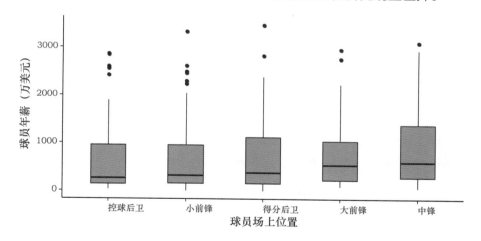

图 2-22　球员场上位置与年薪分布情况

从图 2-23 可以看出，**球队胜率与普通球员年薪并无明显的关系**，但高胜率的球队给顶级球员付出的年薪相对较高（去年东部第一的骑士队因球员薪水总支出超联盟规定，被罚款 5400 万美元）；**球队市值越高，普通球员年薪反而较低**，高市值的球队更愿意与明星球员签订大合同（市值 26 亿美元，排在联盟第三的勇士队引进四巨头，年薪合计 9391 万美元）。

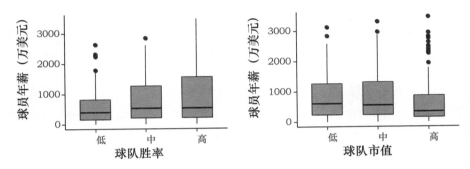

图 2-23　球员所属不同胜率和市值的球队与年薪分布情况

点评：自变量的描述分成了非常清晰的两部分——个人能力和发展前景，阅读起来非常流畅。每一个部分的描述性文字都有关键句的变色标识，即使不全部阅读文字，也能较容易地了解结论，推荐读者学习这个技巧。

综上所述，通过对本案例的描述性分析，可以知道，对球员年薪可能会产生影响的因素包括个人能力（进攻能力、防守能力、上场时间、是否入选全明星）和发展前景（球龄、年龄、场上位置、球队胜率和球队市值）。

作为 NBA 球员：

（1）提高个人能力，尤其是进攻能力，得分多才是关键；

（2）普通球员可以选择加入胜率高、市值低的球队；

（3）增加上场比赛时间。

作为球队管理者：

（1）根据上赛季球员数据指标，避免选择"高薪低能"的球员；

（2）通过技术统计数据及时发现有潜力的新秀，在刚进入 NBA 时以较低的薪酬合同签下；

（3）选择适合自己球队阵容的球员，合理报价。

整体点评：这个需要较强背景知识的数据说明与描述范例有两个优点非常值得学习。第一，逻辑非常清楚，尤其是描述分析部分的小标题标识，让人很容易就看清楚组织结构。第二，文字上重点突出，用语准确但并不枯燥。尤其是推断性的结论合情合理，看得出来是出自一个"球迷"之手。希望各位读者能够真正热爱自己的选题，这样形成的文字才能吸引人。

第 3 章
模型的建立

3.1 TASK 7 建模的流程

在进行描述分析之后，会对数据有一个大致的了解，接下来就进入建模的过程。在这里，将建模的过程梳理成 3 个步骤，即建模前的准备、模型的选择与建立及模型的解读与评价。

3.1.1 建模前的准备

建模之前的准备工作包括数据的预处理、数据的降维等探索性分析。数据的预处理包括缺失值处理、数据标准化、异常值排查等。这些预处理的工作并没有标准可言，一般都是按照经验性的准则来执行。数据的降维将在 TASK 8 中进行介绍，包括主成分分析和因子分析。本节介绍一些数据预处理的经验。

1. 缺失值处理

在分析数据时，经常会遇到缺失值的问题。例如，在填写调查问卷时，有些受访者不愿意透露自己的年龄，那么年龄就会有缺失值。对于缺失值，有两种主要的解决方案。一是"宁缺毋滥"，对于残缺不全的数据，直接删掉相应的样本。二是进行缺失值插补，例如，用均值或中位数进行插补。

关于缺失数据插补的知识，可以参考一些经典的教材。[①]

2. 数据标准化

标准化是指将数据处理为均值为 0、标准差为 1。为什么要进行标准化处理？因为在数据分析时，有些变量的取值很大，有些变量的取值很小。为了一心一意地学习变量的权重，需要营造一个公平公正的环境来让各个变量大显神通，权重的大小不能被自身变量取值的大小所束缚。例如，在判断一家企业是否为成功企业时，会考虑企业的收入、净利润、员工人数等因素。显然，收入的取值要比员工人数大得多，或者说这两者根本无法直接进行比较。这时就需要将这些变量进行标准化处理。这里需要注意，有的统计方法（如因子分析）需要对数据进行标准化处理，但并不是所有的统计方法都必须如此。

3. 异常值排查

对于异常值的判断，并没有一个通用的定义可言，暂且将"奇葩的"数据理解成为异常。例如，年龄被记录成 800，显然是一个异常值。异常值的排查，通过描述分析往往就能做到，这也是为什么在建模之前需要做描述分析的原因。值得注意的是，"跟大家长得不一样的"数据，更多地被理解成"极端值"而非异常值。例如，在房价数据中，大部分房屋的房价集中在 3 万元 / 平方米左右，但是，有若干房价超过 10 万元 / 平方米。不能说这部分数据是异常的，因为这些房屋的房价是真实存在的。对于异常值的处理，往往也是采取删除的办法。异常值的排查过程能够帮我们发现数据记录过程中的问题，因此异常值的存在并非坏事。

3.1.2 模型的选择与建立

通常会根据是否有因变量，将统计学习分成无监督学习和有监督学习。无监督学习，没有一个明确的因变量，所做的工作大多是降维和聚类。TASK 8 和 TASK 9 将分别详细介绍降维聚类分析，这里不再赘述。接下来，梳理一下有监督学习及其相应的模型。

---

① LITTLE J A, RUBIN D B. Statistical Analysis with Missing Data[M]. 2nd ed. State of New Jersey: John Wiley & Sons, 2002.

有监督的学习方法，根据因变量的数据类型不同，可以分为以下几种。

当因变量是定量数据的时候（如收入、房价），最常用的就是线性回归模型。如果因变量的取值为正，通常还会选择对因变量做对数变换，建立对数线性回归模型。线性回归模型的形式简单、可解读性较高，在实际数据分析中很常用。

当因变量是定性数据的时候（如申请贷款是否成功、是否患有某种疾病），面临的就是分类问题。如果定性数据只有两个可能的取值（如申请贷款的结果为成功和失败），那么就是二分类问题。面对分类问题时，线性回归模型不再适用，需要借助 0-1 回归模型（常用的包括逻辑回归和 Probit 回归）或是决策树（及以决策树为基础的随机森林等方法）。关于回归模型和决策树的方法的对比，这里借用 James 等学者的观点：

> 比起回归模型，决策树更容易理解，它更贴近人类的决策过程。在处理定性自变量的时候，决策树的方法也更加得心应手，不用像回归模型那样生成许多亚变量。[1]

然而回归模型也有其优点，比起决策树的方法，回归模型往往更加稳定。同时，回归系数的估计值是自然而然的权重，也是许多打分产品的重要基础。至于在不同的模型之间应该选择哪一个，没有标准答案，而是需要根据研究目的决定是寻求较高的预测精度，还是力求简洁、易读的模型，本章会反复提及这个问题。

除此之外，因变量还有计数数据、定序数据和生存数据，这些问题在实际数据中不如前两者常见，并不属于本书的介绍范畴，感兴趣的读者可以参考相关文献。[2]

3.1.3 模型的解读与评价

建模过程的最后一个步骤，也是很容易被忽视的，就是对模型的评价。

---

[1] JAMES G, Witten D, HASTIE T, et al. An Introduction to Statistical Learning with Applications in R[M]. Berlin: Springer, 2017.
[2] 王汉生. 应用商务统计分析 [M]. 北京: 北京大学出版社，2008.

很多数据分析报告中对于模型的评价形同虚设，随便找一个准则就说明自己的方法更好。这种做法在平时的练习过程中不会引起严重后果，但如果在一个实际项目上就需要非常谨慎。下面从预测精度和解读能力两个层面讨论如何对模型进行评价。

预测精度是对模型最基本的评价。如果因变量是定量的，常用的评价准则有均方误差（MSE）、绝对误差及相对误差等，本质是考察预测值和真实值之间的差距。如果因变量是定性的（二分类），常用的评价准则有错判率、AUC 值等。

一般而言，模型越复杂，预测的精度越好。然而，凡事都讲究适度，过于复杂的模型会"过分地"学习样本数据的特点，导致过拟合的现象发生。为了避免这种情况的出现，常用外样本的评价准则（如外样本均方误差）来评价模型的预测精度（在实际工作中，非常重要）。这涉及训练集和测试集的拆分，甚至是交叉验证等概念，不在本书的讨论范围，感兴趣的读者可以参考相关教材。[①]

除此之外，过于复杂的模型还会带来解读上的困难。在"追求预测精度"大行其道的今天，解读能力非常容易被人忽视。实际工作者常常无视业务问题，盲目使用各种"炫酷"的工具（如深度学习）。诚然，在某些问题的处理上（如图像数据），深度学习有着天然的优势。但是，实际工作经验告诉我们，对于业务问题的深入理解，才是数据分析的核心所在。这时，简单的模型（如回归分析）有着很好的解读能力，可以相对容易地回答业务问题，支持产品落地。

3.1.4 课后作业

基于前两章的 TASK 内容，读者已经收集了数据并且做了简单的描述分析。现在，尝试进一步细化研究问题，并且确定合适的统计模型；梳理你的建模流程，并制作简单的流程图；提交一页 PDF 展示建模流程。

---

① JAMES G, Witten D, HASTIE T, et al. An Introduction to Statistical Learning with Applications in R[M]. Berlin: Springer, 2017.

3.2 TASK₈ 无监督学习：数据降维

在统计方法中，除了后续要介绍的回归分析和统计机器学习，还有一大类方法是经常被用到的，即多元统计分析。多元数据通常包含多个变量，而庞大的变量数目会对后续的分析造成不便。虽然每个变量都有自己所代表的含义，但有时某些变量会包含很多重复的信息。例如，在电商平台上，产品的"销售量"和"评论数"所包含的信息就有很大程度的重合——它们都代表了该商品的"畅销度"。所以这两者的相互替代性就很强，这时可以通过构造一个新的变量来代替这两个变量。像这种用少数几个新的变量代替原有数目庞大的变量，把重复的信息合并起来，既可以降低现有变量的维度，又不会丢失重要信息的思想，就称为"降维"。降维就像给数据"健康减肥"，重复的信息就像是数据的多余脂肪，可以通过某些统计方法减掉，而数据的主体机能不会被破坏。

本节将介绍两种传统多元统计分析的降维方法，即主成分分析和因子分析。二者虽然都是数据降维方法，但是分析的目标、统计原理和结果解释却不尽相同。

3.2.1 主成分分析

假设有一名班主任，拿到了学生期末考试的成绩，包括数学、物理、化学、语文、历史、英语[①]，如图 3-1 所示。班主任关心的是如何科学地利用以上成绩信息区分班上学生的表现。一个做法是用各科成绩单独去比对，但这并不会得出一个综合的比较结果。那通常怎么做呢？求平均，也就是把各科成绩加起来除以科目总数，或求总分也是等价的。这是一个比较合理的方法。但是，如果有一个很特殊的班级培养出一群很特殊的学生，他们的平均分都一样，只是有的偏科严重，有的发展比较均衡，那这个班的

① 费宇 . 多元统计分析 : 基于 R[M]. 北京 : 中国人民大学出版社，2014.

学生单靠平均分就区分不开了。

学生ID	数学	物理	化学	语文	历史	英语
1	65	61	72	84	81	79
2	77	77	76	64	70	55
3	67	63	49	65	67	57
4	78	84	75	62	71	64
5	66	71	67	52	65	57
6	83	100	79	41	67	50
7	86	94	97	51	63	55
8	67	84	53	58	66	56
9	69	56	67	75	94	80
10	77	90	80	68	66	60
11	84	67	75	60	70	63
12	62	67	83	71	85	77
13	91	74	97	62	71	66
14	82	70	83	68	77	85
15	66	61	77	62	73	64
16	90	78	78	59	72	66
17	77	89	80	73	75	70
18	72	68	77	83	92	79
19	72	67	61	92	92	88
20	81	90	79	73	85	80
21	68	85	70	84	89	86
22	85	91	95	63	76	66
23	91	85	100	70	65	76
24	74	74	84	61	80	69
25	88	100	85	49	71	66
26	87	84	100	74	81	76

图 3-1　学生考试成绩数据

因此，如果想通过成绩区分班上学生的表现，可能会有比平均分更好的指标，或不只平均分这一个指标。这就是主成分分析需要做的事情，找到原始变量的线性组合，也就是所谓的主成分，使得组合后得到变量的标准差最大化。标准差刻画了一组数据离平均数的平均距离。标准差越小，说明该组数据都聚集在平均数附近；标准差越大，该组数据的波动越大，它们彼此之间越分离。所以主成分分析对应到成绩单的案例问题就是找到最科学的一种或几种综合成绩的计算方式，使得这样计算出来的综合得分能够最大限度地区分这一班学生。这里需要注意以下几点。

（1）所用的计算成绩组合的方法都是线性的，什么是线性？其实本质上还是在做一种各科成绩的平均，但这是加权平均，并且允许有些权重可以是负数。也就是说不会出现语文成绩的平方、数学成绩的倒数等。从这些权重中可以看出哪些学科对于区分这一班学生影响比较大，并且是怎影响的。

（2）可以用不止一个指标去刻画学生的表现，并且根据指标的重要程度进行排序，这个重要程度具体来讲就是区分学生的能力。后面会进一步说明。

（3）在整个过程中，所有的变量都被等同对待，没有所谓的自变量和因变量，所以主成分分析属于无监督学习的范畴。

　　清楚了主成分分析的应用场景和作用之后，接下来就可以通过软件实现，得到需要的综合指标，也就是所谓的主成分。在成绩单案例中，通过R 得到了如下综合指标的构成方法。

```
# 主成分分析，cor 为 T 表示使用相关系数矩阵
score_PCA<-princomp(score, cor=T)
# 输出主成分分析结果，loadings 参数为 T，输出成分载荷
summary(score_PCA, loadings=T)
## Importance of components:
##                              Comp.1     Comp.2     Comp.3
Comp.4
## Standard deviation        1.9261112 1.1236019 0.66395522
0.52009785
## Proportion of Variance 0.6183174 0.2104135 0.07347275
0.04508363
## Cumulative Proportion  0.6183174 0.8287309 0.90220369
0.94728732
##                              Comp.5     Comp.6
## Standard deviation        0.41172308 0.38309295
## Proportion of Variance 0.02825265 0.02446003
## Cumulative Proportion  0.97553997 1.00000000
##
```

```
## Loadings:
##     Comp.1 Comp.2 Comp.3 Comp.4 Comp.5 Comp.6
## Y1 -0.412-0.376 0.216 0.788        0.145
## Y2 -0.381-0.357-0.806-0.118 0.212-0.141
## Y3 -0.332-0.563 0.467-0.588
## Y4  0.461-0.279              0.599 0.590
## Y5  0.421-0.415-0.250       -0.738 0.205
## Y6  0.430-0.407 0.146 0.134 0.2-0.749
```

这里取前两个综合指标来刻画这个班的学生成绩（系数经过了四舍五入）。

指标 1 = − 0.4 数学 − 0.4 物理 − 0.3 化学 + 0.5 语文 + 0.4 历史 + 0.4 英语。

指标 2 = − 0.4 数学 − 0.4 物理 − 0.6 化学 − 0.3 语文 − 0.4 历史 − 0.4 英语。

该如何理解这两个指标呢？指标 2 很好理解，其相反数基本就是通常见到的求平均，只是前面的系数略有不同，所以它可以用来刻画学生各科成绩的均衡表现。那么指标 1 呢？指标 1 中，所有偏文科类课程成绩的系数为正，偏理科的系数为负，而系数绝对值的大小差不多。这样算出来的是什么？基本可以理解成是学生文科成绩平均分减去理科成绩平均分。也就是说，指标 1 刻画的是学生文理科成绩的差别，或说是学生的偏科情况。总之，通过主成分分析最终得到两个主要的综合指标，即文理科差异指标（指标 1）和各科均衡指标（指标 2）。

总结一下，得到的主成分主要可以用来做以下 3 件事情。

（1）降低整个数据的复杂程度——查看全班学生的 6 科成绩费时费力，而现在只需要看两个指标，而且不会丢失重要的信息就能达到目标。这就是用主成分分析做降维的基本思想。至于为什么只有两个指标就够了，而不是 3 个、4 个或只有一个。是因为针对这组数据，通过计算，这两个指标区分学生的能力（也就是刻画数据差异性的能力）已经占到了原来6门课能够做到的80%，这样已经足够满意了。

（2）考量每一位学生的表现。传统的成绩单是对每一个学生简单地给一个平均分或总分，即指标2。它的得分越高，说明这位学生的均衡表现越差（注意指标2是负的平均成绩）。现在的成绩单上又多了一项得分可正可负的指标1。如果某位学生指标1的得分是个很大的正数，说明他文科比理科好得多，严重偏文科。反之，如果某位学生的指标1是个绝对值很大的负数，说明他严重偏理科。所以指标1就是学生的偏科表现，绝对值越大，偏科越严重。如果指标1的得分接近于0，则说明该学生文理科成绩差不多，可能是个全面发展的学神或学霸，当然也可能是每一科都差得很均匀的"学酥"或"学渣"。

（3）通过以上两个综合指标，可以找出一些典型的学生。例如，指标1很高，指标2也很高，就说明该学生是个文科学神级人物；如果指标1很高，但指标2却很低，这就说明该学生偏文科太严重，理科拖后腿拉低平均成绩；如果指标1（绝对值）很低，指标2很高呢？说明这是一个文科和理科都好的学生。

之前提到过，这些指标是按照能够反映这班学生差异的能力来排序的。那么通过这个指标，就可以知道这个班成绩的主要特征。这里指标1排在前面，说明它比指标2，也就是简单求平均更能刻画这班学生成绩的差异性。也就是说，这是一个偏科比较严重的班级，有的学生文科比理科好很多，有的学生反之。而且通过指标1还能看出到底有多少学生明显文科好，多少学生理科比较有优势。当然也许换一个班，这些综合指标的构造就完全不同了。

综上所述，当有很多变量，又想找一种或几种综合指标去很好地刻画数据的差异性的时候，就可以用主成分分析法。这些综合指标是通过原来变量的加权平均，或说线性组合来构造的。得到这些指标后，便可以在不丢失重要信息的前提下尽量地简化数据集，还可以从全面综合的视角来审视整个数据集，或可以考量每一个个体的表现。当然，不仅对班主任有用，主成分分析在其他各个领域也都有着非常重要的应用。如对某行业各种经济效益指标进行综合评价，如根据人们身体的某些测量变量（身高、体重等）得出刻画人身材的综合指标等。

3.2.2 因子分析

通常所说的因子分析，严格来说称为探索性因子分析法，起源于1904 年的英国。当时，英国心理学家 Charles Spearman 研究了 33 名学生在古典语、法语和英语 3 门语言课成绩的表现，发现这 3 门课的表现其实是密切相关的。基于这 33 名学生得到的古典语、法语和英语 3 门课成绩的相关系数矩阵为：

$$\mathbf{R} = \begin{array}{l} \text{Classics} \\ \text{French} \\ \text{English} \end{array} \begin{pmatrix} 1.00 & & \\ 0.83 & 1.00 & \\ 0.78 & 0.67 & 1.00 \end{pmatrix}$$

可以看到，这 3 门课中，两两之间的相关系数都很高。为何会有如此密切的相关关系呢？是不是可以理解成，其实这 3 门课成绩的背后是由一个共同的因素来决定的，而这个共同的因素可以被理解为"语言能力"。基于这样的想法，Spearman 就提出了一个单因子模型，他认为，很多相关性很高的变量背后都是由一个公共因子驱动的，也就是说，每个变量都可以粗略地被这个公共因子表示出来。

这里需要注意的是，找到的共同因子，如这里的语言能力，通常是潜变量，也就是说它是观测不到的。这在心理学、社会学、语言学、经济学等领域非常常见，如智力、社会阶层、满意度、理解力等，都是研究者很感兴趣却无法通过测量直接得到的变量。而能够观测到的，是一些可能由它们驱动的调查问卷获得的答案、各种测试的成绩等。所以，因子分析在以上这些领域有着尤为广泛的应用。

以上就是因子分析的雏形，但很多时候一个公共因子是不够的，错综复杂的变量可能需要多个公共因子才能刻画，这就是更为常见的多因子模型。

继续上一节用到的各科成绩案例。主成分分析法用来寻找"综合评价指数",以此最大限度地区分学生表现。每个评价指数都是 6 门课成绩的线性组合。最终得到两个主要的综合指标——文理科差异指标和各科均衡指标。注意这里的"文理科"的划分是把数学、物理、化学作为理科,把语文、历史、英语作为文科。这是为什么呢?

查看这 6 门课的两两相关系数,会发现数学、物理、化学这 3 门成绩之间相关性较高,而语文、历史、英语之间亦是如此。这两组学科跨组的相关性就没那么高了。所以这促使人们思考,这 6 门课的成绩会不会是由两个公共因子驱动的,其中一个主要解释前 3 门功课,另一个主要解释后 3 门功课。基于此想法,就可以建立含有两个公共因子的多因子模型。经过编程实现,得出了如下两个公共因子的系数估计(需要安装 R 包 mvstats)。

```
## 因子分析主成分方法
# Windows 环境下该包需要下载从本地加载
library(mvstats)
# 主成分法因子分析,rotation 设置因子旋转的方法,scores 设置计算
因子得分的方法
score_FCA<-factpc(score,2,rotation="varimax",scores="re
gression")
##
##   Factor Analysis for Princomp in Varimax:
# 输出因子方差,方差贡献率及累积方差贡献率
score_FCA$Vars
##              VarsVars.PropVars.Cum
## Factor1 2.661    44.34     44.34
## Factor2 2.312    38.53     82.87
# 输出因子载荷矩阵
score_FCA$loadings
```

```
##       Factor1 Factor2
## Y1 -0.32325  0.8390
## Y2 -0.29248  0.7837
## Y3 -0.06959  0.8967
## Y4  0.87630 -0.3451
## Y5  0.91745 -0.1782
## Y6  0.92526 -0.1973
```

例如，数学成绩 Y1=-0.323× 公共因子 1+0.839× 公共因子 2，从系数的绝对值大小来看，数学成绩主要由第二个公共因子决定，而第一个公共因子所起的作用较小（系数的绝对值较小）。同样，第一个因子对语文（Y4）、历史（Y5）、英语（Y6）的解释力很高，而对数学（Y1）、物理（Y2）、化学（Y3）就没那么重要，第二个因子反之。这与文理科的划分不谋而合。所以，因子分析得出的这两个公共因子可以将它们命名为"文科因子"和"理科因子"，如图 3-2 所示。

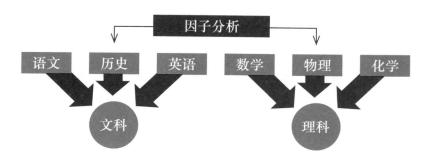

图 3-2　文科因子与理科因子

也许有人会说，这是常识，但是因子分析可以将常识量化。例如，对数学和语文这两门课，虽然数学主要由理科因子解释，但文科因子也有 0.323 的解释力，即相关性，而语文呢？理科因子照样可以有一部分解释力（0.345）。这样看来，数学和语文作为从小到大都逃不掉的主课，还真的是有据可依。相比之下，文科因子在物理和化学两门课中的贡献则小很多。有了这两个公共因子之后，可以继续通过编程来计算每一个学生的"因子得分"。也就是说，通过这6门课的成绩，算出每个学生文科因子和理科因子的某种得分，来考查每个人文科和理科的表现。

当然，因子分析远不止用来分析成绩，以下的例子给出了更多关于因子分析的应用场景。

（1）如果你是一个企业的HR（人力资源），负责招聘一批销售人员，那么你可能需要通过面试、笔试、问卷等形式对每位应聘者进行一系列的考核，会有一大堆的结果。那么如何利用这些看似杂乱无章的考核结果衡量应聘者在各个方面的水平？这就需要用到因子分析法了。例如，因子分析找到了在这些考核结果背后的3个公共因子：专业能力、社交能力、从业经验。那么就可以从这3个方面很清晰地考查每个应聘者的优势和劣势，从而为招聘提供借鉴。

（2）在企业形象或品牌形象的调查中，消费者通过一个有30个问题的调查问卷构成的评价体系来评价商场在这30个方面的表现。但通过因子分析发现，这些指标可以用3个公共因子来刻画：商店环境、商店服务和商品综合价位。其实不难想到，消费者主要关心的也就是这3个方面，但很难量化它们，所以很难直接去评价。然而通过一些具体的测量指标，结合因子分析，再去刻画它们就变得直观许多。

总之，因子分析就是通过变量之间的相关关系找到几个基本能刻画这些变量的共同因素，从而对这些变量有更深刻的理解。而之前的主成分分析也旨在用几个变量最大限度地刻画原始的变量。那么主成分分析和因子分析有什么不同呢？这里总结了如下几点基于业务目的和结果层面解读二者的区别。

（1）因子分析通常是一种类似于线性回归的模型，这种模型在大千世界中其实无处不在。而主成分分析不涉及模型，是一种单纯刻画该组数据差异性的统计方法，旨在得到几种综合评价指标。

（2）主成分分析只关心数据的差异性，也就是方差，而因子分析的出发点在刻画变量之间的相关性或协方差。有些学者把因子分析解释为"按照变量之间相关性的大小分组，每组由一个公共因子驱动"。

（3）主成分分析旨在找到一种或几种综合指标，把每一个指标表示成原始变量的线性组合。而因子分析是将原始变量近似表示成公共因子的线性组合。

3.2.3　课后作业

找到作业数据"世界前 100 名男性网球运动员信息"，需要尝试了解一些网球的背景知识。在数据集中，可以发现刻画球员表现的变量很多。尝试对其进行因子分析或主成分分析，解读结果并形成一个完整的报告。不要在报告中出现方法介绍和公式，但要注意根据使用的方法谨慎解读结果。提交 3~5 页的 PDF 报告。

提示：可以在第 5 章找到这个案例，适当参考更多背景和细节，但不要抄袭。

3.3　TASK 9　无监督学习：聚类分析

3.3.1　聚类分析概述

古人云，物以类聚，人以群分。聚类，就是把"类似"的对象（或个体）聚到一起。例如，在拼图之前，要先把颜色相近的像是同一块区域的碎片聚成一堆；在市场营销中，可以按照顾客的消费习惯、人口特征等将顾客分类，对不同类别的顾客采用不同的营销或销售模式；在金融方面，可以根据金融投资产品的收益、波动性、市场资本等指标将这些产品归成几类，然后本着不要把鸡蛋放在同一个篮子（同一类产品）里的原则，优化投资组合。

从上面的例子中可以总结出聚类分析的直观定义——将研究对象（如上述的拼图、顾客、金融产品）根据一些特征指标（如拼图的颜色、顾客的消费习惯和人口特征、金融产品的收益和波动等）的信息，将比较相似的研究对象按一定的方式归为同类。这个定义虽然不太严密，却能够帮助我们提炼出聚类分析的 3 个要点。

要点 1：根据不同的特征指标聚出的类是不同的

在大学里，如果按照兴趣爱好，聚出来的会是学校的各个社团；按照起居场所，聚出来的是一群群宿舍舍友；按照学习成绩，聚出来的就是"学神""学霸""学酥""学渣"了；按照生活习惯，就是"吃货""手机党""旅游小达人""趴体狂"等。所以，在聚类时首先确定的就是特征指标（即变量）是什么。上述大学的例子是按照某一单一指标来聚类的，如果综合以上各个特征指标，那么聚出来的可能就是"朋友圈"了。

要点 2：定义什么是"相似的研究对象"

即如何刻画"相似度"。如果只有单一指标 X_1，那么事情就简单了。X_1 的值越接近的研究对象越容易聚在一起。例如，全班的同学按学习成绩聚类，当然是成绩差距越小的越容易归为一类。如果有两个指标 X_1 和 X_2，不妨把它们作为坐标轴，将所有的研究对象在图中画出来，每一个点对应一个个体，如图 3-3 所示。

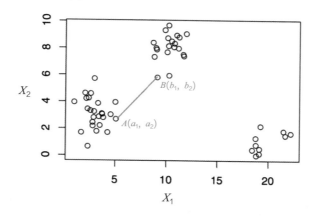

图 3-3　二维平面上个体距离示意

可以看出，图 3-3 中的这些散点可以聚成三类。这是根据什么来判断的呢？就是个体点之间的"远近"或"距离"。距离越近，相似度越高。在数学上，最直观的距离是欧式距离。图 3-3 中点 A 和点 B 的欧式距离就是图中红色线段的长度，用数学符号表示就是：$\sqrt{(a_1 - b_1)^2 + (a_2 - b_2)^2}$。当特征指标超过两个时，虽然没有办法用平面图来展示，但欧式距离仍然适用。当然，还有其他很多种距离的定义方式，如马氏距离、闵式距离等。

要点 3：如何归类

确定了特征指标和刻画"相似度"的方法，接下来判断哪些对象属于"同类"。毕竟，在实际的数据分析中基本不会遇到图 3-3 这种显而易见的聚类结果。幸运的是，较为成熟的聚类方法有很多，用 R 语言基本一两行代码都就能实现。所以这里只介绍两种最常用也比较直观的方法——层次聚类法和 K 均值聚类法。

3.3.2　层次聚类法

顾名思义，就是一层一层地聚。这里无需提前规定有几个类别，而是给出一个"路径"，即先把每个个体单独看成一类，然后每次把"最相似"的个体聚在一起，直到最终只剩一个类别。或反方向进行。这种路径通常用系统树图来表示，如图 3-4 所示。

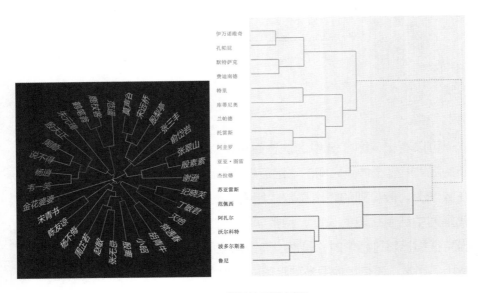

图 3-4　常见的系统树图

至于最终应该选取几个类别，统计软件通常会直接给出数据驱动的建议，然后哪些个体属于哪一类由系统树图给出。例如，图 3-5 中，如果软件给出三类的结论，那么对应的每一类都包含哪些个体也就一目了然了。

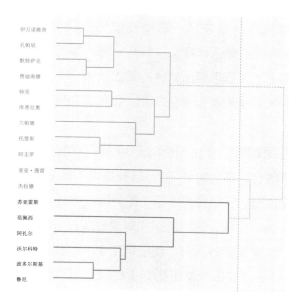

图 3-5　系统树图聚类结果示意

3.3.3　K 均值聚类法

从名称中可以看出，这种方法是需要提前确定类别数 K 的。确定之后，先选取 K 个"种子"（图 3-6 中红、绿、蓝 3 个圆点）。当然，如何选种子也有上百种方法。然后看每个个体离哪个种子最近就归到哪一类 [图 3-6（b）]。归类之后原来的种子就被每一个新类的"中心"代替 [图 3-6（c）中新的 3 个圆点]。再重复上述的归类步骤。直到每个个体所属的类别不再变动为止 [图 3-6（d）]。最终的种子（即最终聚类的中心点）可以用来刻画这一类的特征。

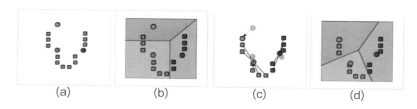

(a)　　　　(b)　　　　(c)　　　　(d)

图 3-6　K 均值聚类过程示意

当然，不管采用什么方法，最终选取的类别应该同时结合业务理解——这样选取的类别是否有意义可解释？每一类的个体是否真的具有某些共同特性？切记不要盲目遵从软件的输出结果。下面借助狗熊会的精品案例来具体展示 K 均值聚类分析的应用，即如何用聚类分析刻画司机的驾驶行为。

这个案例数据包含了 8 位司机的 754 段行程的信息。这里将行驶速度（平均引擎转速度、最大时速等）、行驶强度（疲劳驾驶、行驶时长等）和出行习惯（深夜出行、早晚高峰等）作为特征指标，利用 K 均值聚类方法对所有行程分类。注意，这里的研究对象是每段行程而非驾驶员。最终结合软件给出的结果和业务理解，我们确定了 7 个类别，它们的聚类中心（即最后一步的种子）在每个特征指标上的取值可以用来刻画这一类的特征，如表 3-1 所示。

表 3-1　聚类中心表

类别	行驶速度	行驶强度	出行习惯	路程数量
类别 1	0.96	−0.23	−1.17	87
类别 2	−1.32	0.13	0.36	118
类别 3	−0.53	−0.23	−0.98	152
类别 4	0.68	−0.52	3.02	37
类别 5	−0.20	−0.19	0.33	197
类别 6	0.49	4.19	0.15	31
类别 7	1.16	−0.24	0.20	132

表 3-1 中的指标数值代表该类别在这个指标上的表现强弱。其中"出行习惯"数值越大代表越接近深夜出行，越小越接近早晚高峰，0 附近表示白天正常时间。由此可见，类别 1 的行程行驶速度很快，但强度较小，主要体现了早晚高峰、速度较快、路程较短的驾驶行为（可能处于外环的进城路段）；类别 2 主要体现了白天非早晚高峰阶段、行驶极为缓慢且短

距离的驾驶行为（可能是停车）；类别 3 主要体现了早晚高峰时段、较为拥堵、缓慢行驶的驾驶行为；类别 4 主要体现了深夜、速度较快的短途驾驶行为；类别 5 主要体现了白天非高峰时段、速度较慢、短途驾驶行为；类别 6 主要体现了白天非高峰时段、行驶速度较快、长途驾驶行为；类别 7 主要体现了白天非高峰时段、速度较快的短途驾驶行为。

因此，以上 7 个行程的类别的确有业务上的解释。另外，我们可以比对各类行程在每辆车中的占比分布，从而确定司机的行驶习惯，如图 3-7 所示。

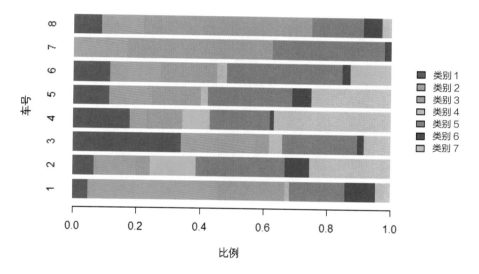

图 3-7　8 辆车在 7 个类别行程的分布

7、8 号车在类别 3 占比较高，推测它们的驾驶员具有相似的驾驶习惯，都更倾向于驾车出行且驾驶行为正常的上班族，并且居住地或工作地点位于比较拥堵的路段；3 号车在类别 1 中占比非常高，该驾驶员很有可能是居住地远离市区的上班族；1、2 号车在类别 6 中占比较高，因此，它们的驾驶员有更大的疲劳驾驶的可能。2 号车具有深夜出行的习惯，且不太可能是上班族。基于以上的分析，可以衍生出很多应用场景，如用户画像、行程反馈、实时预警，甚至个性化定制汽车保险等。

3.3.4　课后作业

继续 TASK 8 的作业数据，利用因子分析或主成分分析的结果，即按照新的特征指标，将球员进行聚类。解读聚类结果，看是否跟常识相符，或有什么新的发现。提交 3~5 页 PDF 报告。

3.4　TASK₁₀ 有监督的学习：连续型因变量

这个 TASK 将要介绍一种常用的建模工具——线性回归模型。此处的重点并非介绍线性回归模型的理论基础知识，而是以一个案例为背景，向读者展示线性回归建模过程中若干重要环节和结果解读。

线性回归模型针对的是连续型的因变量（如收入、房价等），这个因变量往往关乎业务的核心问题。通过回归分析结果，能够了解到哪些因素（自变量）与业务核心（因变量）显著相关。例如，卖煎饼的最关心的是一天能赚多少钱（因变量）。更具体地是在路边卖还是大厦里卖挣得多，打广告是在路边发传单还是在狗熊会发推文对提高收入更有帮助等。这些因素都是自变量。回归分析的任务就是帮助卖煎饼的了解哪些因素能够显著增加收入。

接下来以"北京高端酒店价格"为案例背景，介绍线性回归分析的几个重要建模环节。首先，熟悉一下这个案例的数据，表 3-2 是数据说明表。

表 3-2　案例数据说明表

变量类型		变量名	详细说明	取值范围	备注
因变量		单价	酒店价格（单位：元）	550~9970	主要研究对象
自变量	酒店因素	装修时间	定性变量共 2 个水平	新装修、旧装修	新装修占 9.7%
		房间类型	定性变量共 3 个水平	标准间、商务间、豪华套间	占比分别为 34%、34%、32%
		酒店地区	定性变量共 4 个水平	朝阳区、东城区、海淀区、其他城区	占比分别为 36%、19%、14%、31%

变量类型		变量名	详细说明	取值范围	备注
自变量	评价因素	评价数	定量数据	0~569	均值: 210
		卫生评分	定量数据	满分 5 分 ≥ 4.5 为高评分 < 4.5 为低评分	均值: 4.61
		位置评分	定量数据		均值: 4.36
		服务评分	定量数据		均值: 4.53
		设施评分	定量数据		均值: 4.45

更加完整的案例请读者参见第 5 章的案例一（《北京高端酒店价格影响因素分析》）。

3.4.1　模型的建立与估计

在建立模型的最初阶段，需要搞清楚因变量和自变量。在这个案例中，因变量是"酒店价格"，这是个连续型的因变量，因此采用线性回归模型这一工具。确定因变量之后，要根据数据的具体情况，尝试丰富的自变量。根据这个案例数据的介绍，自变量可以选择酒店地区、装修时间、房间类型、各种评分等。

在这里，给出线性回归模型的基本形式。

$$Y = \beta_0 + \beta_1 X_1 + \cdots + \beta_p X_p + \varepsilon$$

我们不做更多的理论解读，而是尝试给读者提供几点需要注意的地方。

（1）线性回归模型的"线性"是指因变量对于回归系数是线性的。因此，模型中可以有自变量的平方、交互项等形式的存在。至于线性的假设是否正确，无须过多纠结，因为这个假设十有八九不对。这是统计学认识世界的朴素方式和简单尝试，我们的目标是对这个世界有更多的理解，而非一味强调正确性。

（2）ε 是误差项，它涵盖了自变量不能解释的那部分信息。如果没有误差项，回归模型将变成一个数学公式。统计的精髓就在于这个误差项，也就是不确定性。不要一味追求消灭误差，达到高精度，我们要对这个世界的不确定性持有一点敬畏的态度。

（3）线性回归模型的估计方法，最常用的是最小二乘估计。在 R 语言中，只需要一个 lm( ) 函数即可完成。我们以酒店价格为因变量，酒店地区、装修时间、房间类型、评价数和服务评分为自变量，展示主要的代码和结果输出。

```
# 构造线性回归方程
lm_price<-lm(price -area +type +timeCut+evaluate +ser_
grade , data = hotel)
# 输出结果
summary(lm_price)
##
## Call:
## lm(formula =(price)- area + type + timeCut + evaluate
+ ser_grade,
##      data = hotel)
##
## Residuals:
##     Min      1Q  Median      3Q      Max
## -1642.5  -470.6   -84.6   295.3   6813.9
##
## Coefficients:
##              Estimate Std.Error t value Pr(>|t|)
##(Intercept)-9265.8697  887.0313  -10.446 < 2e-16 ***
```

```
## area 东城区      303.1701   116.1954   2.609 0.00933 **
## area 朝阳区      162.8739    94.7317   1.719 0.08612 .
## area 海淀区      312.5799   119.2674   2.621 0.00902 **
## type 豪华套间   1253.9615    90.5656  13.846 < 2e-16
***
## type 商务间      372.6415    89.3203   4.1723.51e-05
***
## timeCut 新装修   319.2301   130.3642   2.449 0.01465 *
## evaluate          -0.6115     0.3416  -1.790 0.07399 .
## ser_grade       2279.7714   197.6323  11.535 < 2e-16 ***
## ---
## Signif.codes:  0 '***' 0.001'**' 0.01 '*' 0.05 '.'
0.1 ' ' 1
##
## Residual standard error:866.8 on547degrees of freedom
## Multiple R-squared:  0.4205, Adjusted R-squared:
0.412
## F-statistic: 49.61 on 8 and547DF,  p-value: < 2.2e-16
```

3.4.2 结果的整理与解读

　　线性回归模型的估计并不困难，但 R 语言的（包括其他软件）结果输出并不友好，不适合直接截图放入报告。更好的做法是，把最重要的结果整理成图表进行展示。几个必要的展示包括变量名、系数估计值、p 值、F 检验的结果、R^2 或调整的 R^2。上述估计结果如表 3-3 所示。

表 3-3　模型回归结果

变量	回归系数	p 值	备注
截距项	-9265.87	<0.001	—
评论数	-0.61	0.074	—
服务评分	2279.77	<0.001	—
房间类型 - 商务间	372.64	<0.001	基准组：标准间
房间类型 - 豪华套间	1253.96	<0.001	
装修时间 - 新装修	319.23	0.015	基准组：旧装修
地区 - 朝阳区	162.87	0.086	基准组：其他城区
地区 - 东城区	303.17	0.009	
地区 - 海淀区	312.58	0.009	
F 检验	<0.001	R^2	0.4205

具体需要做以下解读。

1. 模型的整体评价

（1）F 检验的结果。F 检验的原假设是所有的斜率系数都为 0（不包括截距系数），也就是辛辛苦苦找了这么多自变量，没有一个是显著的。我们希望这个检验的原假设被拒绝（p 值小于显著性水平），这意味着至少有一个自变量对因变量有显著影响，或说模型整体是显著的。在本案例中，F 检验的 p 值小于显著性水平（0.05），因此模型整体是显著的，至少有一个自变量对于酒店价格有显著影响。

（2）R^2 的大小。R^2 是一个介于 0~1 之间的数，代表回归模型能够解释因变量变异的程度。一个回归模型的 R^2 虽说越大越好，但正如前所述，一味追求精度（较高的 R^2）并不应该成为建模的目标，更不应该过分纠结在 R^2 多大才算好这类没有标准答案的问题上。本案例的 R^2 为 0.4205，具体解读为自变量能够解释因变量（酒店价格）变异的 42.05%。

（3）调整的 R^2。调整的 R^2 考虑了模型的复杂程度，也就是自变量的个数。其含义与 R^2 非常类似，更多地被用于不同模型拟合优度的比较（因变量必须相同）。这主要是因为，自变量的个数越多，R^2 就会越大，但是调整的 R^2 却不一定越大。因此，想要做模型间的比较，R^2 不是一个好的选择，调整的 R^2 更加合适。

2. 回归系数的解读

在给出具体的解读之前，需要注意两点，第一，当系数估计显著时（相应的 p 值小于显著性水平），才有解读的必要。第二，在解读某一回归系数的时候，不要忘记写一句"控制其他因素不变"，这更加严谨。

（1）连续型的自变量。以服务评分为例，控制其他因素不变，服务评分每增加一个单位，酒店价格平均增加 2279.77 元。这里注意到，在实际汇报讲故事的时候，酒店价格平均增加 2279.77 元，是个令人吃惊的数字。这是因为服务评分的取值范围本来就不大，增加一个单位更是困难。因此，结果的汇报需要根据实际情况灵活调整。例如，这里可以解读为控制其他因素不变，服务评分每增加 0.1 分，酒店价格平均增加 228 元。

（2）离散型的自变量。如果一个离散型自变量有 k 个水平，在估计的过程中，需要选一个水平作为基准组，剩余的 $k-1$ 个水平分别构造 $k-1$ 个哑变量。需要注意的是，某个水平的系数估计应该被解读为，该水平和基准组的对比。以酒店地区为例，控制其他因素不变，朝阳区、东城区、海淀区的酒店价格平均比其他城区（基准组是其他城区）贵 162.87 元、303.17 元、312.58 元。

总结一下，线性回归模型的估计结果需要关注模型的整体情况（F 检验和 R^2）及回归系数的解读。但这还远远不够，我们需要对模型做一些最基本的诊断与改进，尽可能地使用更加合理的模型。

3.4.3 模型诊断与改进技巧

线性回归模型有很多假设，这里不全部列出，而是重点讲解几个常见的问题和相应的诊断工具。

1. 模型设定偏误、异方差和残差图

通常，线性回归模型要假设误差是 0 均值、同方差的。由于误差是观测不到的，那么需要通过对看得见摸得着的残差（预测值与真实值之差）进行检验。注意，误差和残差是两个概念，要注意区分，不可混用。基于残差构造的检验有许多，这里我们介绍一种常用的图形化方法——残差图。

残差图的横轴通常是预测值，纵轴就是残差值。如果误差项服从上述假设，那么残差应该表现出"以 0 为平均水平，无规律的散乱分布"，如图 3-8（a）所示。如果残差图呈现出一定的规律，就要怀疑这些假设。如图 3-8（b）所示，残差并不以 0 为平均水平波动，而是呈现出抛物线的形状。这说明模型设定出现了偏差（模型设定偏误），很可能遗漏了重要的自变量，尤其是某些自变量的平方项。再例如，如图 3-8（c）所示，残差图呈现喇叭状，残差的波动随着预测值的增加而变得剧烈。这说明很可能违背了同方差的假设，出现了异方差的问题。

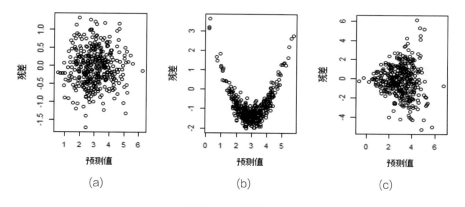

| (a) | (b) | (c) |

图 3-8 残差图示例

模型设定偏误，需要尝试加入新的自变量，甚至是采用非线性模型。异方差的解决办法，最常用也是最奏效的一个招数就是"对数变换"（前提是因变量取值为正数），如图 3-9 所示。在许多实际数据分析过程中，对数变换能很好地稳定方差，改善分布不对称，堪称数据分析界的"整容神器"。需要提醒各位读者的是，数据分析报告以解决实际问题为目标，在一定的合理范围内，方法越是简单越好。如果是学术论文，可能需要强调理论方法的难度和创新性，那又是另外一回事了。

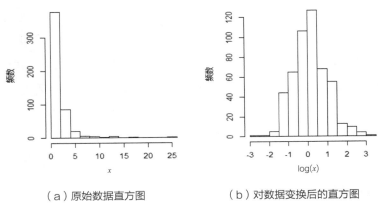

（a）原始数据直方图　　　　（b）对数据变换后的直方图

图 3-9　一组原始数据和对数变换之后的直方图

2. 非正态性和 QQ 图

除了 0 均值和同方差，线性回归模型还假设误差服从正态分布（等同于假设因变量服从正态分布）。对于正态性的检验，这里介绍一种常用的图形工具——QQ 图。QQ 图的横轴是理论分位数，纵轴是样本分位数。如果 QQ 图的散点近似成一条直线，那么可以认为样本数据来自正态分布。图 3-10 所示的分别是正态分布随机数和自由度为 3 的 t 分布随机数的 QQ 图。可以看到，图 3-10（a）所示的散点几乎在一条直线上；而图 3-10（b）所示的散点，在两侧的"尾巴"处已经偏离直线。正态性假设的违背也可以通过对数变换帮助改善。

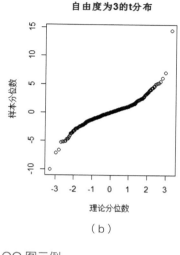

图 3-10　QQ 图示例

3. 强影响点和 Cook 距离

先理解一下什么是强影响点。如果在计算某种指标的时候，包含和不包含某个样本点，对于结果的影响很大，那么这个样本点就可以被理解为强影响点。举一个极端一点的例子，假如世界首富在你的班级里。现在要计算你的班级的人均收入，包含和不包含世界首富的人均收入，差距肯定极大，那么"世界首富"就是一个强影响点。包含和不包含"你"所计算得到的人均收入，差距不大，那么"你"就不是一个强影响点。

对于线性回归来说，如果包含和不包含某个样本点，对于回归系数估计值的影响很大，那么这个样本点就可以视为是强影响点。Cook 距离就是基于这样一种思想构造的。先求解基于全样本的系数估计，再计算去掉某一样本之后的系数估计，根据这两种估计可以构造某种距离，最常用的就是 Cook 距离。注意，每一个样本点都能算出一个 Cook 距离。

Cook 距离多大才算大，这跟 R^2 多大才算好一样，没有什么标准答案。一个经验性的判断是，如果大多数样本点的 Cook 距离都很小，是 0.01 的水平，而某几个样本点的 Cook 距离达到了 0.1 这个水平，就值得怀疑。对于强影响点，通常采取"删除"的手段。但是，强影响的出现，并不是坏事，我们可以通过强影响点来辅助查看，是不是数据搜集等环节出了问题，才导致出现了异常。

4. 多重共线性和方差膨胀因子

最后，介绍一下多重共线性。多重共线性可以理解为，某个自变量可以被另外一些自变量的线性组合所替代。这个时候，把能够传达同样信息的变量都放进一个模型，会导致严重的后果，最小二乘估计变得不再可信。

方差膨胀因子（Variance Inflation Factor，VIF）可以用来检查是否有多重共线性存在。简单地说，用某个自变量作为因变量，其他自变量作为自变量，建立一个新的线性回归模型并计算 R^2。方差膨胀因子就是用 1 减去这个 R^2 再取倒数。如果方差膨胀因子等于 5，说明这个新的回归的 R^2 是 80%；如果方差膨胀因子等于 10，说明这个新的回归的 R^2 达到了 90%，也就是其他自变量能够解释这个自变量变异的 90%。

不同于 Cook 距离，方差膨胀因子是对变量计算的。如果一个回归模型有 p 个自变量，那么能够得到 p 个方差膨胀因子的值。一般认为，方差膨胀因子大于 5，就怀疑有多重共线性的存在。这时候，可以选择删除变量或用模型选择的方法减少变量的个数（注意，变量选择不是为了解决多重共线性而提出的，所以变量选择之后还可能存在多重共线性问题）。

现在，尝试用 R 输出诊断图及计算方差膨胀因子，看看线性回归模型的"病情"如何。

```
par(mfrow =c(2,2))
#模型诊断，包括残差图、QQ图、Cook 距离等
plot(lm_price,which =c(1,2,3,4))
#方差膨胀因子
round(vif(lm_price),2)
##          GVIF Df GVIF^(1/(2*Df))
## area     1.21  3        1.03
## type     1.00  2        1.00
## timeCut  1.10  1        1.05
```

```
## evaluate   1.20   1          1.10
## ser_grade  1.10   1          1.05
```

　　首先，方差膨胀因子的取值表明模型并不存在多重共线性。实际上，在此处的示例中，特意没有将所有的评分包含进来（表 3-2 中显示，除了服务评分，还有卫生评分、位置评分和设施评分）。读者可以将这几个评分全都包含进模型，再查看方差膨胀因子的取值。第 5 章的案例一提供了处理这几个评分的方法，可供参考。

　　其次，观察图 3-11 输出的一组诊断图，它们分别是残差图 [图 3-11(a)]、QQ 图 [图 3-11(b)]、某种标准化的残差图 [图 3-11(c)] 及 Cook 距离图 [图 3-11(d)]。需要关注的分别是残差图、QQ 图和 Cook 距离图。从残差图可以看出，异方差的现象非常明显，残差的波动随着预测值的增加而变大。QQ 图告诉我们，正态性并没有得到很好的满足。而 Cook 距离图显示，样本中存在强影响点。线性回归模型存在改进的空间。

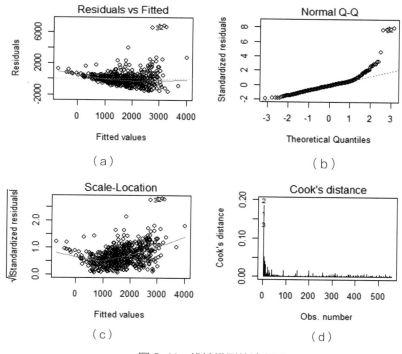

图 3-11　线性模型的诊断图

最后，如果你是一个有着丰富经验的实际数据分析者，在看到这个案例的背景的时候，就应该能够预见类似的结果。当因变量跟"钱"有关（房价、收入等）的时候，其分布往往是右偏的。这时候，对数线性模型（对因变量取对数）是更好的选择，如表 3-4 所示。

表 3-4　对数模型回归结果

变量	回归系数	p 值	备注
截距项	0.526	0.165	—
评论数	0.000 1	0.504	—
服务评分	1.378	<0.001	—
房间类型－商务间	0.299	<0.001	基准组：标准间
房间类型－豪华套间	0.744	<0.001	
装修时间－新装修	0.174	0.002	基准组：旧装修
地区－朝阳区	0.143	<0.001	基准组：其他城区
地区－东城区	0.179	<0.001	
地区－海淀区	0.053	0.303	
F 检验	<0.001	R^2	0.5839

对数线性模型的系数解读要格外当心，此时的系数估计不再是因变量的绝对变化，而是近似解读成"增长率"。以房间类型为例，当控制其他因素不变的时候，商务间的房价比标准间平均高出 29.9%。还请读者注意，有时也会对自变量取对数，建立双对数回归模型，相应的系数可以解读成"弹性"。现在再来看一下诊断图，如图 3-12 所示。

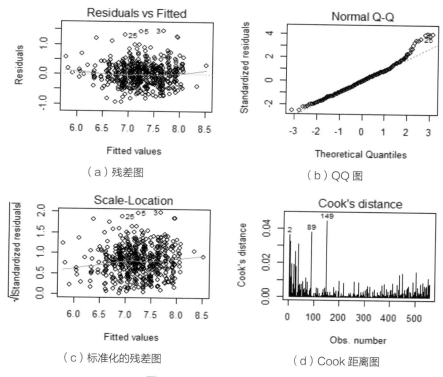

（a）残差图　　　　　　　　　　　（b）QQ 图

（c）标准化的残差图　　　　　　　　（d）Cook 距离图

图 3-12　对数线性模型的诊断图

异方差和非正态性的问题得到了极大改善，这从残差图和 QQ 图上能够看出来。Cook 距离图是否还有强影响点呢？需要提醒读者的是，R 语言中的 Cook 距离图总会标注取值最大的 3 个样本点，但并不意味着它们是强影响点。实际上，如果去掉这 3 个样本，软件还会再次标注剩下样本中 Cook 距离最大的 3 个。依据经验来看，这个 Cook 距离图表现良好，可以认为没有强影响点。

3.4.4　模型选择：准则和步骤

在模型选择部分介绍两组概念，一是模型选择的准则（AIC 和 BIC），二是实施的步骤（向前回归、向后回归、向前向后回归）。初学者经常搞混，例如，把向前回归当作是模型选择的准则，所以在此处格外强调区分准则和步骤。

模型选择的准则有很多，这里只介绍两种常用的准则，即 AIC（Akaike Information Criterion，赤池信息量准则）和 BIC（Bayesian Information Criterion，贝叶斯信息量准则）。这两个准则都是在平衡"模型的拟合优度"和"模型的复杂程度"。其中，模型的拟合优度表现为残差平方和（SSE），模型的复杂程度表现为自变量的个数 p。人们总是想追求简洁同时拟合优度较高的模型，但这两者无法兼得，难以两全其美。

我们先给出 AIC 和 BIC 准则的公式，读者会发现两者非常相似。这两个准则的第一项，都是残差平方和的一个单调函数。当模型的自变量个数增加时，残差平方和降低，模型的拟合优度变好，第一项是减小的。但是，第二项会随着模型复杂程度的增加，也就是自变量个数的增加而增大。这两个准则在公式上的区别，体现在自变量个数前面的系数，此常称为"惩罚"。可以看到，BIC 准则对于自变量的个数，也就是模型的复杂度，给予了更加严格的惩罚（只要样本量稍大，$\ln(n)$ 就会大于 2）。因此，通过 BIC 准则得到的模型，自变量个数往往小于 AIC 准则的个数。

$$\text{AIC} = n \times \ln\left(\frac{\text{SSE}}{n}\right) + 2 \times p,$$
$$\text{BIC} = n \times \ln\left(\frac{\text{SSE}}{n}\right) + \ln(n) \times p.$$

AIC 和 BIC 准则的区别仅仅只是体现在公式上吗？为了更加通俗地给读者介绍两者背后的区别，这里引用"熊大胡说 | 关于模型选择的那些事"的部分文字，感兴趣的读者，可以关注狗熊会公众号，回复"胡说"查看全文。

假设这个世界上有一种神奇的东西叫作真模型（True Model）。什么是真模型？就是上帝他老人家用来产生真实数据的模型。那么，我们应该如何看待这个真模型呢？第一种信仰，即损失有效性认为：真模型是永远把握不了的。因此，无论待选模型的边界如何宽广（如带有各种交互作用的线性模型），都不可能覆盖真模型。真模型永远不在我们的视野范围内。如果是这样，模型选择的目标就不是"捕捉真模型"，而是尽可能地"近似真模型"。您可能说，真模型又看不见、摸不着，怎么知道近似模型的好坏呢？这是一个很好的问题。从理论上讲，真模型所对应的预测精度是最优的。因此，与其说选择唯一的、最好的模型，不如说找一个预测精度尽可能好的模型。

如此一来，您会发现几乎所有以某种"预测精度"而定义的模型选择标准，都站在了损失有效性的这一边。这些标准包括 AIC（Akaike, 1970）、AICc（Hurvich and Tsai, 1988）和 Leaving-out-one CV（Shao, 1993）等。

相反，如果人们相信真模型就在我们的待选模型中，如真模型是一个带有交互作用的普通线性回归模型。那么，模型选择的目标就变啦。这时候，人们突然看到了捕捉真模型的可能性。因此，模型选择的目标变成：一定要把真模型挑选出来，至少是大样本的情况下。这就是第二种信仰——选择相合性。为此，另一大堆模型选择标准选择站在了这边。这些标准包括 BIC（Schwarz, 1978）和 RIC（Shi and Tsai, 2002）等。

有了模型选择的准则，貌似一切问题已经迎刃而解了，只需比较 2^p 个模型的 AIC 值或 BIC 值即可。然而在实际操作的时候，一般不会建立 2^p 个模型，特别是在当 p 比较大的时候。很快面临的问题是应该比较哪些待选模型。这就涉及第二个问题——模型选择的实施步骤。比较经典的有向前回归、向后回归及向前向后回归。这里以向前回归为例介绍模型选择的实施步骤。

首先，建立空模型，记作 M_0，也就是没有任何自变量，只有截距项的回归模型。读者可以顺便思考一下，这个模型的截距项系数估计是什么。在空模型的基础上，只选择一个自变量放入模型。此时，会面临 p 个选择，也就是可以建立 p 个回归模型。其次，挑选 p 个模型中残差平方和最小的，记作 M_1。在 M_1 的基础上，再挑选一个自变量放入模型，这时面临 $p-1$

个选择，也就是可以建立 $p-1$ 个回归模型。同样，挑选那个残差平方和最小的，记作 M_2。不断地将变量加入，最后，将得到全模型 M_p，包含所有自变量。

在这个过程中，形成了一条"路径"：$M_0, M_1, M_2, \cdots, M_p$。下标刚好代表相应的模型包含的变量个数。这 $p+1$ 个模型的关系有点像是"套娃"，一个包含着一个。计算这 $p+1$ 个模型的 AIC 值或 BIC 值，挑选 AIC 值或 BIC 值最小的那个，就是最终的模型。在整个过程中，需要估计的模型个数是 $O(p^2)$，远远小于 2^p。

下面，以对数线性模型为例，展示以 AIC 为准则、向前回归为步骤所产生的模型。在 R 语言中，用 step( ) 函数即可完成。观察这个结果，评论数没有被包含在模型中。读者可以自己尝试 BIC 准则得到的模型，只需在 step( ) 函数中将参数 k 的取值设置为 $\log(n)$。

```
# 构造对数回归方程
log_lm_price<-lm(log(price)-area +type +timeCut+evaluate
+ser_grade , data = hotel)
#AIC 准则进行变量筛选
log_lm_price_AIC<-step(log_lm_price,trace=F)
# 输出结果
summary(log_lm_price_AIC)
##
## Call:
## lm(formula = log(price)- area + type + timeCut +
ser_grade,
##      data = hotel)
##
## Residuals:
##      Min       1Q   Median       3Q       Max
## -0.95709 -0.26262 -0.00249  0.22227  1.45248
```

```
## 
## Coefficients:
##              Estimate Std.Error t value Pr(>|t|)
##(Intercept)0.55251     0.37642    1.4680.142738
## area 东城区    0.18870    0.04723   3.9957.34e-05 ***
## area 朝阳区    0.14765    0.03976   3.7130.000225***
## area 海淀区    0.05649    0.05055   1.1180.264201
## type 豪华套间  0.74360    0.03865   19.240 < 2e-16 ***
## type 商务间    0.29906    0.03812   7.8462.27e-14 ***
## timeCut 新装修 0.16378    0.05349   3.0620.002308**
## ser_grade     1.37641    0.08428   16.331 < 2e-16 ***
## ---
## Signif.codes:  0 '***' 0.001'**' 0.01 '*' 0.05 '.'
0.1 ' ' 1
## 
## Residual standard error: 0.3699 on548degrees of
freedom
## Multiple R-squared:  0.5836, Adjusted R-squared:
0.5783
## F-statistic:109.7 on 7 and548DF,  p-value: < 2.2e-16
```

3.4.5 课后作业

找到作业数据"北京高端酒店价格"，以酒店价格为因变量，建立回归模型，尝试理解影响酒店价格的因素。建模部分至少需要涵盖模型的估计结果、适当的解读及模型的诊断和评价等。提交一份 3~5 页的 PDF 报告。

提示：可以在第 5 章找到这个数据分析的详细报告（案例一）作为参考，但不要抄袭。先尝试自己完成，再对比案例寻找差距。

3.5 TASK₁₁ 有监督的学习：离散型因变量

在上一个 TASK 中学习了连续型因变量最常用的建模工具——线性回归模型。在这个 TASK，尝试针对离散型因变量建立模型，这属于分类问题。当离散型因变量只有两个可能的取值（如性别有"男"和"女"这两个取值）时，这就是一个"二分类"问题，也是这个 TASK 的学习重点。

我们给出更多的二分类问题的例子帮助读者理解。在消费者购买决策的研究中，消费者的决策有两个可能的结果，即"购买"和"不购买"；在病人的癌症诊断过程中，诊断的结果有两个可能的取值，即"得癌症"和"不得癌症"；在申请贷款的审批流程中，审批的结果有两个可能的取值，即"审批"和"不审批"。

二分类问题的因变量 Y，惯例上取值为 0 和 1（0 和 1 只是数字符号，并不支持代数运算）。如果继续沿用线性模型，那么 $Y = \beta_0 + \beta_1 X + \varepsilon$（假设只有一个自变量）。线性回归模型并非不可行，最小二乘估计依然能够获得。其实，很多实际数据分析经常简单地采用线性回归模型来处理二分类问题。但是，细心的读者能够发现，理论上这个模型的左右两边并不等价。在这个 TASK 将要介绍两类模型（逻辑回归和决策树）用于解决二分类问题。

在进入正式的介绍之前，先来看一个案例数据。这个数据来自大学生的恋爱状况问卷调查，所产生的结论不一定具有代表性，只是作为展示的例子贯穿本小节。表 3-5 是数据说明表。

表 3-5 数据说明表（部分变量）

变量类型	变量名	详细说明	取值范围	备注
因变量	是否恋爱	定性数据 共 2 水平	是、否	恋爱占比 72%

变量类型	变量名	详细说明	取值范围	备注
自变量	是否追求过别人	定性数据共2水平	是、否	追过占比54.3%
	是否被别人求追过	定性数据共2水平	是、否	被追过占比74.4%
	每月话费	定量数据	0~100	均值: 56.9元
	乒乓球	定性数据共2水平	是代表会、否代表不会	是占比21.8%
	台球	定性数据共2水平	是代表会、否代表不会	是占比24.9%
	寝室同学是否谈过恋爱	定性数据共2水平	是、否	是占比30%
	成绩水平	定量数据	0~100	均值: 43.9

3.5.1 逻辑回归模型

逻辑回归模型并不直接对因变量 Y 进行建模，而是对 $Y=1$ 的可能性（概率）建立模型，具体公式如下。

$$P(Y=1) = \frac{\exp(\beta_0 + \beta_1 X)}{1 + \exp(\beta_0 + \beta_1 X)}$$

这个函数称为 Logistic 函数，所以这个回归模型又称为逻辑回归。关于逻辑回归，需要关注以下几点。

1.odds 的概念

odds 是可能性的一种度量，即：$P(Y=1) / P(Y=0) = \exp(\beta_0 + \beta_1 X)$。这个量是"因变量为1的概率"与"因变量为0的概率"的比值。

2.log-odds 的概念

log-odds 是对 odds 取对数，这个变换也称为 logit 变换，具体公式如下。

$$\log \frac{P(Y=1)}{P(Y=0)} = \beta_0 + \beta_1 X$$

这个量恰好是自变量的线性组合。在线性回归模型中自变量的线性组合（加上误差项）就是因变量。在逻辑回归模型中自变量的线性组合就是 log-odds。

3. 系数的估计与解读

逻辑回归的系数估计不再是最小二乘估计，而是要使用极大似然估计（MLE）。我们不去关心系数估计的理论性质，感兴趣的读者可以阅读广义线性模型的经典书籍。[1] 假设已经得到了系数估计，$\hat{\beta}_1 = 3$，常见的有以下 3 个层面的解读。

（1）只关心系数估计的正和负。如果系数估计为正，说明相应的自变量的增加（控制其他因素不变）会导致 $Y = 1$ 的可能性的增加；相反，如果系数估计为负，说明相应的自变量的增加（控制其他因素不变）会导致 $Y = 0$ 的可能性的增加。当然，系数估计必须显著（相应的 p 值小于给定的显著性水平）才对其解读。

（2）关心 odds 的变化。之前介绍了 odds 概念，以此为基础，还有 odds ratio，即两个 odds 的比。

$$\frac{P(Y'=1)P(Y=0)}{P(Y'=0)P(Y=1)} = \frac{\exp(\beta_0 + \beta_1 X')}{\exp(\beta_0 + \beta_1 X)} = \exp(\beta_1 X' - \beta_1 X)$$

那么，$\hat{\beta}_1 = 3$ 可以解读为自变量增加一个单位，odds ratio 增加 $\exp(\hat{\beta}_1) = 20$ 倍。

（3）关心 log-odds 的变化。log-odds 是自变量的线性组合，因此，系数估计还可以解读为：自变量增加一个单位，log-odds 增加 3 个单位。

以恋爱状况数据为例，展示逻辑回归（AIC 准则）的估计结果。在 R 语言中，可以使用 glm( ) 函数来实现。

---

① MCCULLAGH P, NELDER J A. Generalized Linear Models[M]. 2nd ed. Boca Raton: CRC Press, 1989.

```
# 逻辑回归部分
glm_full <- glm( 是否恋爱 ~.,family = binomial(link =
 "logit" ), data = mydata)
#AIC 准则
glm_AIC <- step(glm_full,k=2)
# 输出回归结果
summary(glm_AIC)
##
## Call:
## glm(formula = 是否恋爱 ~ 是否追求过别人 + 是否被别人追求过 +
##      每月话费 + 乒乓球 + 台球 + 成绩水平 + 寝室同学是否谈过
恋爱 ,
##      family = binomial(link = "logit" ), data =
mydata)
##
## Deviance Residuals:
##      Min       1Q   Median       3Q      Max
## -2.8617  -0.4243   0.3206   0.5925   1.8172
##
## Coefficients:
##                          Estimate Std.Error z value
Pr(>|z|)
##(Intercept)-1.910383  0.554070 -3.4480.000565***
## 是否追求过别人是        1.805688   0.359320   5.0255.03e-
07 ***
## 是否被别人追求过是       2.144321   0.357433   5.9991.98e-
09 ***
## 每月话费                0.013935   0.006227
```

```
2.2380.025226*

## 乒乓球是              -0.850236  0.401307

-2.1190.034118*

## 台球是                0.929298  0.437760

2.1230.033766*

## 成绩水平              -0.009814  0.006295

-1.5590.118972

## 寝室同学是否谈过恋爱是  1.213378  0.425002

2.8550.004304**

## ---

## Signif.codes:  0 '***' 0.001'**' 0.01 '*' 0.05 '.'
0.1 ' ' 1

##

##(Dispersion parameter for binomial family taken to be
1)

##

##      Null deviance:347.40  on292 degrees of freedom

## Residual deviance:229.67  on285 degrees of freedom

## AIC:245.67

##

## Number of Fisher Scoring iterations: 5
```

　　在撰写报告或做展示的时候，需要将统计软件的输出整理成规范的统计表（表3-6）。从估计结果来看，在0.05的显著性水平下，有两个结论值得关注。（1）追求过别人及被别人追求过，恋爱的概率更大。这说明以往的跟恋爱相关的经历对于脱单有一定的影响。（2）寝室同学如果处于恋爱状态，那么脱单的可能性更高。这说明社交圈子对人的影响是非常重要的。

表 3-6　AIC 准则下的模型回归结果

变量	系数估计	p 值	备注
截距项	−1.910	<0.001	—
是否追求过别人－是	1.806	<0.001	基准组：否
是否被别人追求过－是	2.144	<0.001	基准组：否
每月话费	0.014	0.025	—
乒乓球－是	−0.850	0.034	基准组：否
台球－是	0.929	0.034	基准组：否
寝室同学是否谈过恋爱－是	1.213	0.004	基准组：否
成绩水平	−0.010	0.119	—

3.5.2　模型的评价

逻辑回归预测出来的，是 $Y=1$ 的概率，但我们需要的是预测因变量是 1 还是 0。因此，需要一个阈值，当预测的概率大于这个阈值的时候，将因变量预测为 1，否则将因变量预测为 0。阈值的选择有很多方法，在实际数据分析环节，最常见的选择是样本比例（样本中 1 所占的比例）。

在选定了某个阈值之后，就有因变量的真实值和预测值，据此，能够得到一个混淆矩阵，如表 3-7 所示。

表 3-7　混淆矩阵

		预测值		总计
		0（Negative）	1（Positive）	
真实值	0（Negative）	TN	FP	N
	1（Positive）	FN	TP	P
总计		N*	P*	N+P

为了方便读者接下来的理解，我们称 $Y = 1$ 为"坏蛋"，称 $Y = 0$ 为"好人"。现在，介绍以下几组概念。

1. 错分率

评价逻辑回归模型最直接的指标就是错分率，即（FP+FN）/（N+P）。直觉上，错分率显然越低越好，但单纯依赖错分率评价模型是非常不妥的。假设有 1000 个人，其中有 10 个穷凶极恶的坏蛋（因变量取值为 1）。如果把所有人都预测成好人，那么错分率为 10/1000=1%，看起来非常不错。然而，这个模型没有任何"抓坏蛋"的能力，从这个角度看，并不是一个好的模型。因此，需要更多的评价指标，全方位考察模型的预测能力。

2.TPR（True Positive Rate）：TPR=TP/P

前面说到，模型能够"抓坏蛋"是非常重要的。TPR 代表了模型正确预测 1 的能力，也就是"抓坏蛋"的能力。这个指标的取值越大越好。

3.FPR（False Positive Rate）：FPR=FP/N

如果以提高 TPR 为目标，那么可以把所有观测都预测成 1，这样 TPR=100%。但是，所有的好人都被预测成了坏蛋，这是非常可怕的。而 FPR 表示的是"冤枉好人"的概率，在提高 TPR 的同时，也要照顾到 FPR。

以恋爱状况数据为例，样本的恋爱比例是 72%，以此为阈值产生的混淆矩阵如表 3-8 所示。据此计算出来的错分率，TPR 和 FPR 分别是 20.1%、78.7%、17.1%。

表 3-8　实际模型混淆矩阵

		预测值		总计
		0（Negative）	1（Positive）	
真实值	0（Negative）	68	14	82
	1（Positive）	45	166	211
总计		113	180	293

4.ROC 曲线

ROC 曲线（Receiver Operating Characteristic Curve）的横坐标为 Specificity，即 1-FPR；纵坐标为 Sensitivity，即 TPR。ROC 曲线是一条向上凸起的曲线。这里给出一个示意图，如图 3-13 所示。

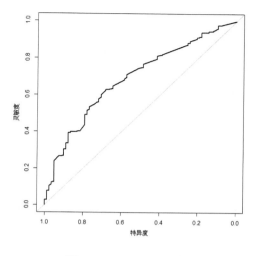

图 3-13　ROC 曲线示意

5.AUC 值

ROC 曲线下方的面积反映的是模型的预测能力。AUC（Area Under Curve）取值越大，模型的预测能力越强。注意，AUC 的取值跟阈值的选取无关。实际上，只有前 3 个指标（错分率、TPR 和 FPR）的取值会受到阈值的影响，如图 3-14 所示。

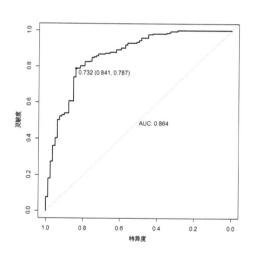

图 3-14　实际模型 ROC 曲线

3.5.3　决策树

人们每天都面临各种决策，如几点起床，吃什么早餐，做什么工作，和谁沟通，喜欢谁，追求谁等。这些决策困扰着每个人。人们面临决策的时候是怎么做的呢？举例来说，大学生活最重要的任务之一是摆脱"单身狗"称号。进入校门后的新生经常能得到学长学姐的谆谆教导：男生多参加体育运动肯定能摆脱单身；经常去自习室有机会遇到另一半；想找到另一半零用钱要足够。通过经验总结，同学们都希望通过几个变量维度来破解摆脱大学"单身狗"称号的密码，从而迅速脱单。图 3-15（a）展示了某个同学的经验，即认为零用钱与运动时间是最重要的脱单因素。具体的规则为零用钱（百元）>50 并且每周平均运动时间 >10 小时容易摆脱"单身狗"称号。把 3-15（a）对应的两个变量的刨分图绘制成 3-15（b）的状态，就形成了树的形状，也就是决策树。

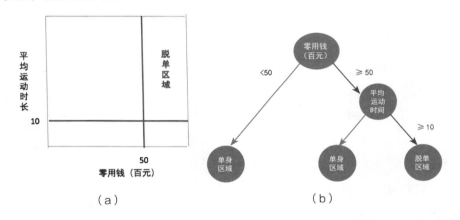

（a）　　　　　　　　　（b）

图 3-15　空间刨分图与对应的决策树

决策树最大的优点是直观，特别是在商业决策时容易转化为可以执行的方案。决策树在很多领域都有经典的应用。例如，医生给病人看病。医生会根据病人的最初检查结果，经过问询，通过最重要的几个指标诊断病情。那么如何构建一棵决策树？这里沿用大学生恋爱数据，简述构建决策树的原理。在 R 语言中，使用 rpart 包构建决策树，再用 rattle 包进行可视化输出。

```
# 决策树部分
treelm=rpart( 是否恋爱 -.,mydata)
# 画出决策树
fancyRpartPlot(treelm,sub = "")
# 画出 ROC 曲线
plot(roc(mydata$ 是否恋爱 ,predict(treelm,mydata,type =
'prob')[,2]),print.auc=TRUE, print.thres=TRUE,xlab =
' 特异度 ',ylab=' 灵敏度 ')
```

恋爱决策树密码图如图 3-16 所示。

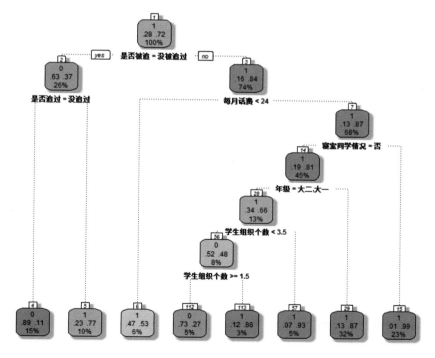

图 3-16　恋爱决策树密码

从决策树的第一层节点（是否被追求过）来看，没有被追过的人进入了图的左侧。而左侧的第二层节点（是否追求过别人）告诉我们，对于既没有被人追求也没追求过人的同学，结局必然是"单身狗"。而在没有被人追求过的同学中，如果主动出击，曾经追求过其他人，那么摆脱单身狗的概率大大增加。恋爱，就是"恋"习去爱。进一步看决策树的右侧，这里可以观察到一个有趣的现象。就是在被人追求过的人中，如果寝室同学都"脱单"了（右侧第三层节点），那么大概自己也脱单了。这就是所谓的"社交影响"，即你周围朋友的社交行为会影响你的行为与决策。另外一个有趣的现象是，参加学生组织活动的个数会影响是否恋爱，社交圈子越大，越容易找到自己的另一半。从第五层与第六层节点可以看到，确实参加社团的组织个数大于等于 4（3.5 取整）的时候更容易脱单。如果参加的学生社团组织不够多，只是介于 1~3 之间，反而不容易找到自己的另一半。还不如那些只参加一个社团的专一人士。只参加一个社团的应该是真的是热爱这个社团的同学，有自己的特长，可能更容易脱单。最后，通过 ROC 曲线图，可以看到决策树的 AUC 值为 0.887（略优于逻辑回归的结果），如图 3-17 所示。那么这样一棵决策树是如何构建出来的呢？下面来简述其构建原理。

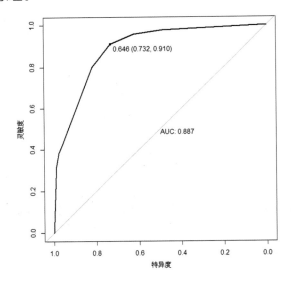

图 3-17　决策树模型的 ROC 曲线与 AUC 取值

第一步：输入空间刨分

可以通过图 3-15 帮助想象。在给定数据后，构建决策树的过程，就是数据所在输入空间构成不重复的刨分的过程。假定数据中的自变量为 $X_1, \cdots, X_p$。首先，从这 p 个变量中选择一个变量作为目标变量。其次，针对这个选中的变量选择划分的具体参数位置。例如，在图 3-15 中首选零用钱（百元）作为目标变量，然后选择 50 作为划分参数。那么划分的参数 50 是怎么选出来的呢？其实计算机遍历了很多个参数。接着根据上一小节学习的"错分率"作为评价准则，找到某个划分参数使得错分率最小。这样就记下了这个划分参数。最后，对于 p 个变量遍历一遍，就会找到某个目标变量对应的划分参数使得错分率最小的位置，那么这个就是图 3-15 中的第一个节点 [零用钱（百元）] 对应的划分参数 50。下面继续不停地重复这个过程就可构建出一棵决策树。这里需要强调，对于离散变量（如"是否被人追求过"这个变量），决策树的划分参数只需要遍历离散变量的取值范围。

第二步：决策树剪枝

细心的读者会发现，如果按照第一步的方法不停地处理下去。那么就会不停地对于输入空间进行划分（构建一棵超大的决策树），最终每个刨分区域只会包含一个样本点。这样的决策树显然完全拟合了训练样本集合（过拟合）。克服这种过拟合的方法就是剪枝，即把过长的决策树的枝条剪掉。剪枝的方法有很多，常用的是交叉验证的模型选择方法。

第三步：决策树预测

决策树的预测也非常符合人类的认知规则，即"少数服从多数"。给定的新的样本点必然会落入对于输入空间的某个刨分区域中。那么，该样本点的预测标签就为这个区域中最多的类的标签。

最后，对比回归模型来总结一下决策树的优缺点。

决策树的优点如下。

（1）决策树十分符合人类认知世界并进行决策的过程，所以特别容易解释。应用到商业场景中可以很好地与业务知识相结合。

（2）决策树可以用树这种可视化方法展示可以利用的决策过程。与线性回归和逻辑回归相比较，这更加直观。

（3）决策树对于离散变量可以很直观地处理。与线性回归和逻辑回归相比较，不需要构建虚拟变量，这更加容易理解。

决策树的缺点如下。

（1）决策树构建的计算复杂程度比线性回归和逻辑回归要高。

（2）决策树模型被大量例子证实其不够稳定，即针对同一个需要解决的问题，采样不同的两批数据，得到的决策树很有可能非常不同（如决策变量与决策变量对应的参数都可能不同）。

（3）决策树在很多实际问题的应用中预测精度不高。

为了克服决策树的模型不稳定与预测精度不高的缺点，随机森林方法被提出。随机森林方法首先随机地从 p 个自变量中选择 m 个变量（m 一般为 $\sqrt{p}$ ）构建一棵决策树。然后，再按照这个方法构造多棵决策树。将这些随机选取自变量构成的决策树整合在一起就构成了"随机森林"。随机森林在很多实际问题中被证实可以克服决策树的不稳定性与预测精度不高的缺点，但由于使用了多棵决策树构成随机森林，与决策树模型相比较，大大降低了模型的可解释性。

3.5.4　课后作业

找到作业数据"大学生恋爱数据"，以是否恋爱为因变量，模仿正文中的代码，分别建立逻辑回归模型和决策树模型。尝试解读两个模型的区别。你会选择哪个模型，为什么？提交一份 3~5 页的 PDF 报告，报告内容至少涵盖逻辑回归模型和决策树模型的详细结果解读及两个模型的比较。

3.6　TASK 12 文本分析

3.6.1　文本分析可以干什么

　　生活中文本无处不在，网页上的新闻、证券分析师的研究报告、政府工作报告等，这些都是文本。如何从文本中挖掘价值是文本分析需要回答的问题。对于生产厂家来说，可以从用户评论中挖掘消费者对产品的关注点，从而改善产品的设计；在金融行业，可以从上市公司的公告、年报、新闻中探究公司的发展状况。从网民在股吧、论坛上的动态来判断大众对股票的评价和喜好程度；在互联网行业，谷歌曾经做过一个流感预测，通过监测"温度计""肌肉疼痛"等一系列和流感相关的关键词在网上的搜索量来追踪分析不同地区的流感趋势，比传统方法快两周；在文学领域，可以通过对文学作品进行分析来获得一些写作线索，如关于《红楼梦》的前八十回和后四十回的作者问题。那么文本分析主要包括哪些内容？如何进行文本分析？有哪些常用的技巧？ TASK 12 的目的就是帮助读者跨进文本分析的大门。

3.6.2　文本分析的主要内容

　　文本分析是一种把非结构化数据转化成结构化数据的方法，通常包含以下几方面的内容。

　　首先要对文档进行中文分词，在分词的基础上可以进行字、词、句的统计，对文档有一个初步的认识。其次，可以进行一些关键词的提取，帮助提炼文档的内容，达到简化、概括文档的目的。提取关键词的方法有很多，最简单的就是词频的统计，选取出现次数最多的词根作为关键词。

　　此外，还可以对词语进行情感分析，即判断词性是积极的还是消极的，这在用户评论分析中比较常见，常常会据此来判断用户对产品的喜好程度。还可以进行聚类分析和其他模型的研究，如图 3-18 所示。

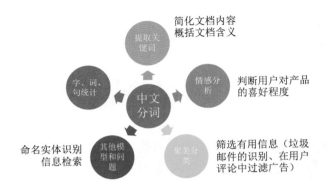

图 3-18　文本分析的内容

下面举一个简单的关于分词的例子，如图 3-19 所示，可以看到左边是一段文字叙述，首先通过分词技术可以把这段文本分成右边的单词，进而对单词进行字数、句数及关键词的统计。

图 3-19　一个关于分词的示例

3.6.3　文本分析基本流程

在进行文本分析之前，先熟悉一些常用的字符处理函数（以 R 语言为例）。这些函数可以辅助进行诸如字符提取、字符拼接、字句统计等基本应用，下面以简单的示例进行介绍。

1. 简单的字句统计

针对简单的字句统计，常用的字符处理函数有 nchar、strsplit、paste、paste0、grep、gsub、substr 等。nchar 这个函数用来统计字符个数。下述示例可以看到对于中文字符，一个中文字符计数为 1，所以统计"我和你"结果就是 3。但对于英文字符，是一个字母计数为 1，且空格也作为计数；strsplit 是字符分切函数，例如，下例就由参数 split 指定以逗号为分切标志；paste 为字符粘贴函数，其他函数请读者自行试验，探索其实现的功能。

```
## 统计字符个数
nchar(" 我和你 ")# 中文字符计数为 1
## [1] 3
nchar("you and me")# 英文字符字母计数为 1( 包括空格 )
## [1] 10
## 切分字符
cha <- "a, b, cadf"
strsplit(cha, split =",")# split 设置分割参数，返回 list
## [[1]]
## [1] "a"      " b"      " cadf"
unlist(strsplit(cha, split =","))# 将切分结果得到的 list 形
式变为向量形式
## [1] "a"      " b"      " cadf"
## 字符粘贴
paste("A", 1:4)# 默认每一项内部以空格分隔
## [1] "A 1" "A 2" "A 3" "A 4"
paste0("A", 1:4)# 默认每一项内部直接连接
## [1] "A1" "A2" "A3" "A4"
paste(LETTERS[1:4], 1:4,sep ="_")# sep 设置每一项内部的分隔符
## [1] "A_1" "B_2" "C_3" "D_4"
paste(LETTERS[1:4], collapse =",")# collapse 设置项与项之
间的分隔符
## [1] "A,B,C,D"
```

2. 中文分词

在英文中，单词和单词之间是以空格作为自然分界符的，每一个单词都可以表示一个较为完整的语义。但中文不同，中文以汉字作为基本单位，只有句和段能通过明显的分界符来简单划分，而"词"却没有形式上的分界符。因此，在对中文文本进行分析时，首先需要进行分词。

在 R 语言中，有两种较为常用的分词包。第一种是 Rwordseg。这种分词方法使用 rJava 调用了 Java 分词工具 Ansj。Ansj 是一个开源的中文分词工具，基于中科院的 ICTCLAS 中文分词算法，是学术界著名的分词算法之一。第二种是 JiebaR，是 Jieba 分词算法在 R 中的实现。Jieba 是基于 Python 写成的一个工业界的分词开源库，具有很好的扩展性。Rwordseg 在分词之前会去掉文本中所有的标点符号，这就会造成原本分开的两个句子前后相连。因此，前一句的最后一个字就可能会和后一句的第一个字连在一起变为一个词；而 JiebaR 在分词时不会去掉任何标点符号，而且返回的结果中也会有标点符号。因此，在较小的文本数据集中，JiebaR 的分词效果会相对较好。下面将详细介绍如何使用 JiebaR 进行中文分词。

在使用 JiebaR 包进行分词时，首先需要在 R 中安装并加载 JiebaR 分词包，然后通过 worker 函数来初始化分词器。worker 函数包括很多参数，用户可以在里面指定使用的分词模式、是否加载自定义词典或停用词词典，以及返回分词结果的同时是否标注词性。用户可以通过"?worker"来查看该函数的帮助文档。图 3-20 展示了使用 JiebaR 进行分词的结果，它将"东西不错，很好用"这句话分为了 5 个词："东西""不错""很""好""用"。

图 3-20　JiebaR 中文分词示例

3. 优化词典

在上面的例子中，JiebaR 将"东西不错，很好用"这句话分为了"东西""不错""很""好""用"5 个词。可能很多读者对这个分词结果都不太满意，因为"好用"应该是一个词，而不应该被分为两个独立的词，而且"很"这个副词只是表达了强度，而没有实际的含义。那怎么才能得到较为满意的分词结果呢？这就需要对 JiebaR 的词典进行优化。优化词典大致分为两种，一种是去掉停用词；另一种是添加用户自定义词典。下面将对两种方式进行具体说明。

（1）去掉停用词。停用词大致可以分为两类，一类是语言中使用的功能词，如语气助词、副词、介词、连接词等，这些功能词通常极其普遍，但没有什么实际含义，如"你、我、他、了、的"等。另一类是有特定含义，且应用十分广泛的词，如"想、做、来、去"等。

目前业界及学界对停用词的范围没有给出统一的划分标准，但很多机构都给出了自己的停用词表，如百度、哈尔滨工业大学、四川大学机器自然实验室等，读者可以参考这些机构发布的停用词表。JiebaR 分词算法中也有自带的停用词库。值得注意的是，很多时候对于停用词的设置需要根据研究文本的特点来设定。例如，在分析手机评论的文本数据时，大部分评论中都会出现"手机"这个词，但这个词对于挖掘评论中影响手机好评率的关注点并没有帮助，所以可以把"手机"这个高频词作为停用词去掉。

（2）添加自定义词典。绝大多数的分词方法都是基于词典，只有词典里有的词，才可能在分词的时候分出来。例如，上面的"好用"之所以没有被分出来，就是因为词典中只有"好""用"这两个字，而没有"好用"这个词。这就带来一个问题，对于一些专业词汇或新词，词典里没有怎么办？这时就要通过添加自定义词典来丰富原始词典。那么如何选取自定义词典呢？有几种途径供大家参考。首先，从原始分词结果中总结，这样虽然费时费力，但效果却是比较好的；其次，就是有自己领域的行业词汇；最后，可以从搜狗细胞词库中下载，通过一些转化就可以应用。

4. 词性标注

分词之后，还可以对词性进行标注，这在 JiebaR 中是可以轻松实现的。图 3-21 展示的例子就告诉我们分出的词具体属于哪个词性。JiebaR 将所有可能出现的词性划分为 22 大类，每个大类下又进行了二级和三级划分。常见的词性主要有名词、动词、形容词、代词、副词等。使用 JiebaR 进行词性标注之后，可以指导我们进行更复杂的分析，如对分词结果按词性进行筛选等。

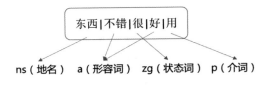

图 3-21　词性标注示意图

5. 关键词提取

关键词的提取有很多种方法，其中最简单的就是按照在全部文本中出现的词频大小来提取。出现的次数越多，说明越重要。还可以使用 TF-IDF（词频-逆向文件频率）指标来进行计算。其中，TF（Term Frequency）指的是某一个给定的词语在该文件中出现的次数。IDF（Inverse Document Frequency）是对一个词语普遍重要性的度量。某一特定词语的 IDF 可以由总文件数目除以包含该词语的文件的数目，再将得到的商取对数得到。图 3-22 通过一个具体的示例展示了 TF-IDF 计算方法。

[1] 还|不错|吧
[2] 东西|不错|很|好|用
[3] 用|着|还|不错
[4] 物流|很|给力
[5] 质量|不错
[6] 东西|很|好|售后|也|非常|给力|哦

❖ 6 个文件中出现的总词数：
3+5+4+3+2+8=26
❖ "不错"出现的总次数 =4
❖ 词频 TF=4/26=0.154
❖ "不错"出现的文件个数 =4
❖ 逆文件频率
IDF=log(6/4)=0.405
❖ TF-IDF=TF*IDF=0.06237

图 3-22　TF-IDF 计算示例

6. 绘制词云

词云是一种非常简洁美观的可视化展示方式，通过词云可以一目了然地知道在一段文本中哪些词出现的次数最多。词云的展示方式可以通过多种途径实现，如通过 R 包中的 RColorBrewer 和 WordCloud（第一个 R 包可以提供颜色方案，第二个 R 包用来绘制词云图），可以得到图 3-23（a）的词云图。另外，现在也有很多专门绘制词云图的网站，如 tagxedo，用它可以画出很多精美的词云图，如图 3-23（b）所示。

(a) 使用 R 包绘制

(b) 在 tagxedo 网站绘制

图 3-23　词云图示例

3.6.4　文本分析示例

谁是主角——轻小说《Fate/Zero》文本分析

南京大学 边逸群

1. 背景介绍

轻小说（Light Novel），又名"奇幻小说""少年小说""青年小说"。

可简单地解释为"可轻松阅读的小说"，与网络文学关系密切。读者群主
要为青少年、中学生等年轻读者。文体多使用惯常口语，运用特定的故事
描绘手法，以其多样的风格、变幻的场景、大胆的设定（如动漫般迤逦）、
华丽的辞藻、不拘一格的行文，以及语言表达带有魔幻与神奇色彩等特点
吸引读者。作者并不是向青少年诉说一个故事，而是和读者用相同的观点
描述有趣的事情。

图 3-24　轻小说典型作品

轻小说由于其强烈的动漫
风格，较强的故事节奏感且多为
阶段性完结的分卷故事，改编
成本低，易于把控质量，因此
经常改编成漫画、动画和游戏。
例如，千万级别销量的作品《刀
剑神域》等，如图 3-24 所示。
在漫画、动画、游戏及周边衍生
方面创造了大量的财富。

《Fate/Zero》是一部比较
成功的轻小说。根据此小说改编的同名电视动画，豆瓣评分高达 9.0 分，
在各大视频网站均有几千万的播放量。同时，还有与之相关的漫画及游戏，
已成功地形成系列文化。小说共 52 万字，11 712 个自然段，原版分为《第
四次圣杯战争秘话》《王者的盛宴》《逝去的人们》《炼狱之炎》4 章。小说
描述的是第五次圣杯战争（《Fate/stay Night》的主要内容）10 年之前
的第四次圣杯战争。圣杯是传说中能够实现拥有者愿望的宝物，每隔 60
年在冬木市出现一次。为了争夺圣杯，选出 7 位魔术师作为御主（Master）
与 7 位英灵作为从者（Servant）订立契约，从而展开圣杯战争，最终获
胜的一组可以用圣杯来实现任何愿望。所谓的英灵是历史或传说中赫赫有
名的英雄的灵魂，他们通过仪式被召唤到现世。小说最终的结局也解释了
标题，从零开始，又回归于零。

文中仅御主与相应的从者就有 14 人，性格志趣各不相同。此外还有

与御主相关的亲属，与御主形成一个阵营，乍看令人眼花缭乱。"在眼花缭乱地踏进 Fate 的故事世界的时候，假如本书能够担当起领航人的职务，我作为著者将为此感到不胜幸福。"2011 年 1 月作者在谈及创作灵感时说道。即便如此，头一次接触这部小说的读者可能阅读过半，但对主角是谁仍然没有头绪。同时，这一问题在社区中产生了激烈的讨论。

为此我们用文本分析的方法，观察人物的特点并且分析小说中人物的关系，进而对谁是主角做简单的判断。

2. 文本分析

小说结构紧凑，剧情快速冲突。涉及了 7 个阵营共计 8 场战斗。其中前 3 场为牵扯多个阵营之间的混战。而后 5 场为从者与御主之间一对一的决战。

图 3-25 所示的是《Fate/Zero》时间线。

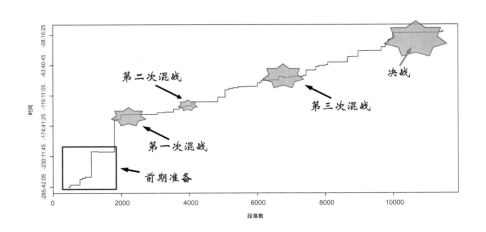

图 3-25　《Fate/Zero》时间线

主角是文学作品的主要人物，即作者所着力刻画的一个或几个在作品中占据主导地位的中心人物。作品的矛盾冲突和故事情节紧紧围绕主人公展开，其他次要人物的出现及其活动，都以主角及其活动为中心，并对主角起一定的映衬作用。

所以小说主角主要借助两步，即抓住描写刻画谁、借宾衬托凸显谁来判断。

（1）抓住描写刻画谁。小说的主人公必定是作者倾力刻画的艺术形象，作者定然会不惜笔墨，而且还会抓住某个局部从不同的角度、多方面地去描绘和刻画，从而让主要人物有鲜明的个性特征。首先，我们对比各阵营出场次数（图 3-26）。Berserker 与 Caster 阵营的描写较少，从而确定他们不是主角。而 Assassin 阵营中，Assassin 描写较少，但其御主绮礼的描写段落较多。

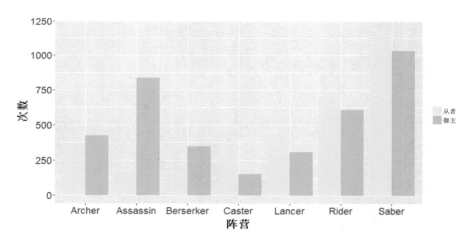

图 3-26　各阵营出场次数分组柱状图

对于剩余的 5 个阵营，我们考察对应的出场密度（图 3-27）。虽然 Lancer 阵营在三次混战时，出场密度远高于其他阵营，但他们死于第三次混战，没有贯穿整个故事。而其他阵营总体的出场密度大致相当。

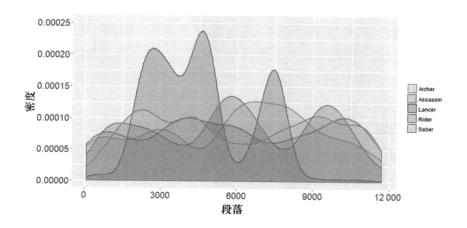

图 3-27　出场密度

其次，选择典型人物结合词云进行分析，如图 3-28 所示。

Saber　　　　　　　　卫宫切嗣　　　　　　　言峰绮礼

图 3-28　人物词云图

Saber 是出场最多的人物，通过词云可以看出，她身为亚瑟王，战斗能力较强，能与男人相匹敌，并渴求胜利。从图中比较大的动词，如"点头""看着"等，可以看出与她相关的对话较多。从小说的情节中求证，她在三王狂宴上意志动摇，所以更多的是听从别人的讲述。虽然出场多，但更倾向于配角。

接下来看 Saber 的御主卫宫切嗣。他作为魔术师参战，反而更钟爱用手枪、子弹这种非魔术的方法消灭魔术师。从"目标""选择""目的"这几个词中，可以看出卫宫切嗣对战术的掌控更多，并且他的确喜爱暗中行动，搜集情报，性格复杂，更倾向于主角。

出场次数第三多的言峰绮礼生于宗教家庭，并受其"父亲"的影响大。"明白""感到""期待"等词展现了更多的与他相关的心理活动。从故事里求证，他在圣杯战争中也的确有所思考，并做出转变，描写同样充实。

（2）借宾衬托凸显谁。单独从人物入手有时只是表层的，还需关注小说中人物之间的关系，如图 3-29 所示。

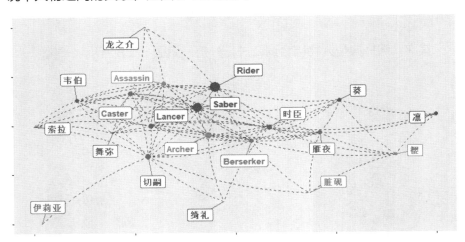

图 3-29 《Fate/Zero》社交关系图

图 3-29 展示了小说主要人物之间的互动关系。可以看出，由英文名表示的从者在整个关系的互动中，处于更核心的位置。其中，Rider 与 Saber 处在更中心的位置。因此，接下来单独看 Rider 的社交关系，如图 3-30 所示。

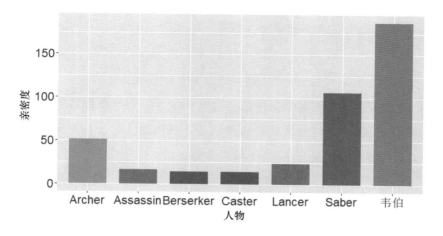

图 3-30　Rider 人物关系

　　Rider 与其御主韦伯互动非常多，俨然是一对好搭档。其次与 Saber 和 Archer 的互动也较多，对应于三王狂宴的剧情，用 Saber 王道的变化展现出 Archer 王道的吸引力，并且他与其余御主均有互动，表现十分活跃。

3. 总结

　　综上所述，这部描写圣杯战争的小说，人物众多，各有特色。每个人都有自己的理想，每个人都有自己的战略。Saber 出场次数最多，但人物塑造较为单一。卫宫切嗣与言峰绮礼性格有差距，但表现不相上下。而 Rider 社交同样复杂，与其他从者均有互动。不同人物的故事相互交错，剧情丰富。几乎没有明确的主角位置，更倾向于群像小说。

　　整体点评：这个短小的案例，其背景内容许多读者并不熟悉。之所以展示这个案例，是为了让读者了解，做文本分析都可以涉及哪些内容，并且借助何种统计图工具进行展示。文中涉及了（阵营）出场次数柱状图、密度曲线图、词云图、社交关系图等，非常丰富。读者也可以脑洞大开，进行有趣的尝试。

3.6.5　课后作业

找到作业数据"琅琊榜",并完成以下 5 个任务。

（1）将文本读入并将数据集命名为"langya",展示数据集的前 10 行。

提示：处理中文时最常见的错误就是乱码问题,这往往是由于编码造成的,通常可以通过设置 UTF-8 编码来解决。

（2）进行初步的分词尝试。

提示：本任务有 3 个关键点,如何进行逐行分词? 如何添加自定义词典? 如何去掉停用词?

（3）进行词频统计。

要求：只对字符数大于等于 2 的词根进行统计,将结果按照降序排列。存为数据集并命名为"freq",其中第一列为词根,第二列为频数,展示数据集的前 6 项。

（4）统计主要人物在全书的出场频次并绘制柱形图。

提示：这里需要注意的是对于某一个人物可能要统计他的不同称谓,例如,梅长苏就有好几种叫法,如苏哲、小殊、林殊等。

（5）统计作者在描写梅长苏时经常用的动词有哪些,并对这些常用动词绘制词云。

提示：如果不是非常了解《琅琊榜》,你可以看一下这部豆瓣评分 9.1 的电视剧。当然,也可以用其他你熟悉的文本数据来完成这个课后作业。

第4章
表达与沟通

前面已经经历了背景介绍、数据说明、描述分析及模型建立等任务的训练。接下来的任务是试着把它们整合在一起，以一种合适的方式展现给读者或观众。常见的展现形式包括文字报告、PPT 报告，大多数时候后者还需要结合演讲。因此，本章将重点围绕报告撰写、PPT 制作和演讲表达来展开介绍。最后，本章还会介绍代码的规范，因为代码也是与人沟通的一种形式。

4.1 TASK 13 报告的撰写

本节对报告进行介绍，具体从逻辑、表达和外观 3 个方面入手，帮助读者迅速掌握撰写技巧，完成一份优秀的报告。

4.1.1 报告概述

报告可以粗略分为两类，一类是论文，另一类是研究报告。具体来说，每一类可以细分为以下几个方面。

论文包括学术论文和学位论文。学术论文是指某一学术课题新的研究成果或创新见解和知识的科学记录，或是某种已知原理应用于实际中获得新进展的科学总结。一般用以学术会议上宣读、交流、讨论及学术刊物上发表，或用作其他用途。学位论文是用于申请授予相应学位时评审所用的论文，按照学位不同又分为学士论文、硕士论文和博士论文。

研究报告根据其报告内容可以分为调查报告、数据分析报告、案例报告等。调查报告是针对某一现象或事件进行分析研究，揭示本质、发现规律、总结经验的一种报告形式；数据分析报告依托实际数据，通过对实际数据的统计分析试图解决某个问题；案例报告是针对某个或某些具体案例展开分析与评价最终得出相关结论。

本书更加偏向于研究报告中的数据分析报告，因此，本节重点讲解如何形成一份优秀的数据分析报告。

4.1.2　报告的核心要素

报告的展示形式多种多样，其中以文字报告（Word）和汇报展示（PPT）两种形式为主。

文字报告应该由完整的、通顺的语句和有逻辑的段落来形成，而 PPT 语言可以借助项目符号来罗列要点，二者在语言形式与语言规范方面存在较大差异。本节的重点在于文字报告，下个小节会重点讲解 PPT 报告。

一份优秀的数据分析报告至少应该具备三方面要素，即清晰的逻辑、严谨的表达和优雅的外观。

逻辑：根据一定的顺序和构段方式来行文或表达，使其具有条理性、清晰性。

表达：在内容正确的前提下，使用合乎科学规范的表达方式来阐述思路、结果和结论。

外观：在满足以上两个基本要求的基础上，报告要尽量美观、优雅，可读性强，给读者以愉快的阅读体验。

4.1.3　如何撰写优秀的报告

了解一份优秀的报告所具备的基本要素之后，接下来学习如何在一份报告中体现这些关键点。

1. 清晰的逻辑

报告的逻辑分为两个层面，即整体的章节结构、段落的行文衔接。

论文和研究报告的章节结构存在较大差别。对论文来说，主要的章节包括引言、文献综述、方法或模型的介绍、数值模拟与实证分析及总结等。对数据分析报告来说，其章节结构有着一定的套路可循。一个比较完整的数据分析报告包含以下几个部分。

1. 背景介绍

    1.1 定义要研究的问题（选题），阐述这个问题的重要性。

    1.2 在阐述重要性的过程中，你可能需要介绍行业背景，这时可以引用数据、政策性文件等。详述业务问题，这需要你对实际业务有深入的了解，学会由面到点切入问题，而非平铺直叙。

2. 数据来源与说明

    2.1 利用公开渠道或自己写爬虫、设计问卷等获得数据。

    2.2 说明数据的来源、样本量大小、每条数据的含义等。

    2.3 制作数据说明表并辅以简单的文字说明。

3. 描述性分析

    3.1 因变量。细致阐述因变量，因为它直接与你的业务问题挂钩。

    3.2 自变量。在对自变量做描述分析的时候要有逻辑，分组介绍。要有重点，不需要一个变量一个图表。着重强调自变量和因变量之间的交互展示，图表必须配合简单的文字说明。

    3.3 给描述性分析部分做一个简单的小结。

4. 统计建模

    4.1 根据因变量的类型和研究目的确定合适的模型。

    4.2 模型结果的解读、模型的评价、模型选择及预测能力等，这些都是建模部分的重要环节。

    4.3 报告不是教材，不需要详细介绍方法的原理，更不需要书写大量的公式。

5. 结论和建议

    5.1 总结报告所得到的结论。

    5.2 指出数据和方法的不足之处。

    5.3 提出未来分析的可行方向。

注意：以上只是数据分析报告的一个可以参考的章节结构，读者可以根据实际业务问题和分析的重点形成自己的报告章节结构。

下面再来看看段落的行文衔接。首先，提倡使用单义段，即一个段落集中表达一个中心思想。不要一个中心思想拆成几段，也不要一个段落表达若干个中心思想。其次，学会梳理段内逻辑，常用的逻辑包括先分后总、先总后分、先总后分再总。总述句可以加粗标注，引起读者注意。句子之间也要注意过渡。最后，段落之间尽量要有联系和衔接，常用的组织逻辑包括并列、递进、转折等。这里提供给读者一个小技巧，如果你的段落互相调换顺序（尤其是背景介绍部分）却不影响阅读，说明段落之间的组织没有很好的逻辑，只是罗列而已（注意，罗列并非并列）。

2. 严谨的表达

严谨的表达是一份数据分析报告所必备的。其中包括：言语平实，避免出现情感强烈、辞藻华丽和词汇夸张等问题；尊重规范，公式和图表要合乎规范，专业术语应该辅以简要解读；图文并茂，善用统计图、表格、流程图，同时配备内容明确的标题和适当的文字解读；科学引用，尊重他人劳动成果，给出文献列表或采取脚注形式标明材料来源。

示范一：语言平实，专业术语附以解释

原文：为了更好地对影响教学质量的各个因素进行分析，本文建立了满意度－重要性矩阵。具体做法是以影响教学质量的各项因素的重要度为纵坐标，以各项因素的满意度评价得分为横坐标绘制散点图。通过分别给予满意度和重要性合理的阈值，对所有的散点进行划分，将满意度－重要性矩阵划分为4个区域。

点评：文中出现的"合理的阈值"属于较为专业的名词，应该加以解释便于读者理解。

改进： ……分别以 29 个指标在满意度和重要性方面的得分的均值作为分界线，可以将矩阵分为 4 个区域，分别是竞争优势区、重点改进区、次要改进区和锦上添花区。

满意度－重要性矩阵图如图 4-1 所示。

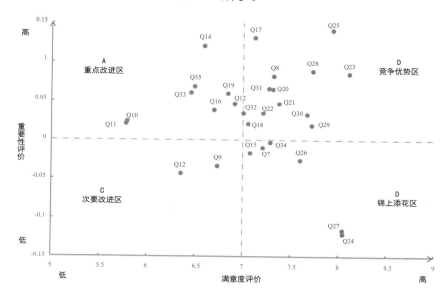

图 4-1　满意度－重要性矩阵

点评： 改进之后对"阈值"这一概念有了清晰的阐述，即 29 个指标在满意度和重要性方面的得分的均值。最后配以统计图，能帮助读者更好地理解。

示范二：科学引用二手数据

原文： 随着道路交通行业的持续发展，营运车辆的数量也在逐年快速增长。2014 年年底，我国民用汽车保有量达到 15 447 万辆，比 2013 年末增长了 12.4%[1]。与此同时，由车辆行驶导致的重大交通事故发生频繁。

---

[1]　中华人民共和国国家统计局. 2015 中国统计年鉴［M］. 北京：中国经济出版社，2015.

保守估计，2014 年全国道路交通事故死亡人数为 34 293 人，比 2013 年增加了 2688 人，增长率为 8.5%。[2] 而道路交通事故发生的主要原因有三，即汽车硬件发生故障、外界环境突发意外（如地震、泥石流等）及驾驶员的不良驾驶行为（如酒后驾车、疲劳驾驶等）。通过调查，超过 70% 的道路交通事故是由驾驶员的不良驾驶行为造成的[3]。

点评：文中出现的上角标"1""2""3"分别代表三处脚注，指向了引用数据的出处。这是使用二手数据的一种规范做法，注明来源出处、统计口径、计算方法等信息。

3. 优雅的外观

有了清晰的逻辑和严谨的表达还不够，一份好的数据分析报告，还应该具备优雅的外观，包括排版和细节。

（1）段落：段落的划分要长短适中。切忌一句话一个自然段，或一页篇幅还未结束一个段落。

（2）图表和文字穿插排版：图表要有标题和标号，图的标题在下方，表的标题在上方。太大的图表，可以考虑放在附录中。

（3）数据分析报告尽量不出现方法原理的介绍和公式等，如果必须要有，可以放在附录中。

（4）如果出现文字比较集中的段落，要学会加粗使中心思想突出。

示范三：数据分析报告中，如果需要出现大段的方法原理介绍，请放到附录中展示

原文：本案例还将探析 6 种不良情绪中有哪些不良情绪通常是同时出现的，以及不良情绪出现的频繁程度是否相似。由于不良情绪的发生频度均为离散型数据，可通过多重对应分析对数据进行降维和可视化处理，从

[2] 中华人民共和国国家统计局. 2015 中国统计年鉴 [M]. 北京: 中国经济出版社, 2015.

[3] STONE R. Car-Crash Epidemiologist Pushes Systemic Attack on Bad Driving[J]. Science, 2011, 332(6030):657-657.

而回答以上问题（多重对应分析的原理介绍请见附录1）。

点评：由于多重对应分析的原理介绍并不能用一两句话阐述清楚，为了不影响行文的流畅性，将此内容放到了附录中，并且在正文中指引读者关注。

原文： 本案例所使用的模型是潜类别回归模型（Latent Class Regression，LCR）。LCR 模型的构建基于广义线性模型族，本案例依据逻辑回归原理构建模型。该模型与逻辑回归模型类似，即通过一个或多个自变量来预测一个离散型因变量。所不同的是 LCR 模型的因变量不能直接观测得到，而是隐藏于一组离散型显变量中的潜在分类变量（以下称作"潜变量"）。与传统的回归模型相比，LCR 模型放宽了对变量分布形态、样本同质性的假设，更重要的是它可以同步实现聚类分析和回归分析（关于潜类别回归模型的原理介绍请见附录3）。

点评：在这个例子中，LCR 模型是全文最为重要的模型，为了方便读者理解，需要在正文中用文字尽量简明扼要地介绍该模型的特点和工作目标，同时将完整的原理介绍放到附录中。这样做的好处是，在不影响行文流畅性的前提下，尽可能为读者提供有用信息。

4.1.4 课后作业

根据之前收集的数据和确定的选题，完成背景介绍、数据的说明与描述、统计建模等环节。将这些部分有逻辑地组织成一份报告。在完成报告之前，可以先阅读第 5 章的案例示范。注意控制报告的篇幅，提交一份不超过 10 页的 PDF 报告，切忌胡乱堆砌图表和结果拼凑页数。

4.2 TASK 14 PPT 的制作

4.2.1 PPT 的特点

PPT 和文字报告都是展示数据分析结果的重要形式。相比于文字报告，PPT 的优势在于可以用图、表或其他可视化的方式来展示素材内部的逻辑关系，方便观众理解。

每个人的偏好可能略有不同，但核心之处应该是共通的。一般而言，能够为大多数人接受并且喜欢的 PPT 具有以下 3 个特点。

1. 内容准确清晰

这里的内容包括文字、图片、表格等各种素材。如何定义"准确清晰"呢？准确指的是意思正确，清晰指的是逻辑清楚。更简单地说，就是即便在没有演讲者做解释的情况下，观众也能知道 PPT 要传达什么内容。

2. 版式简洁大方

所谓版式，即 PPT 页面的排版，包括 PPT 模板的样式、每一页 PPT 的内容排版。版式设计一定是为了内容而存在的，建议本着"如无必要、勿增实体"的原则去优化版式设计。

3. 动画恰到好处

过于炫酷的动画会喧宾夺主，而且观众对于动画形式的偏好千差万别。因此，没有动画是最保险的做法，恰到好处的动画是锦上添花。

注意：上面 3 点是层层递进的关系，内容准确清晰是达到 60 分的基本要求，版式和动画效果是帮助从 60 分到 80 分甚至 100 分的手段。

4.2.2 制作 PPT 的步骤

那么，怎么做出符合以上 3 个特点的 PPT 呢？其实做 PPT 可以类比于做一道菜，3 个步骤就能完成。

第一步：准备原料

前面说过，内容准确清晰是基本要求。所以制作 PPT 应该把主要精力放在这个最关键的环节上，而不是先到处去找好看的模板。

对于数据分析报告而言，常见的内容结构是：（1）背景介绍或研究问题；（2）数据说明；（3）描述分析或探索性分析；（4）统计建模；（5）商业化应用或总结。每一部分内部还可以按实际情况形成二级标题，例如，"数据说明"部分，除了常规的数据变量列表介绍之外，如果涉及较完整的数据预处理流程，也可以单列一个子标题开展阐述。

如果已经有了文字稿，在文字稿中标注计划要放入 PPT 的内容（如可以用红色字体、黄色底纹等进行标注），并且适当总结段落大意、标明层次关系。提取出来的内容可以形成一个结构图，如图 4-2 所示。

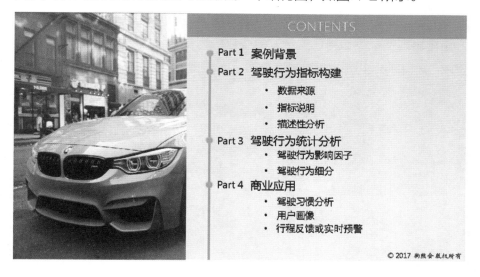

图 4-2　PPT 结构图示例

获得了内容提要之后，PPT 的整体结构已经基本成型，可以进入下一个步骤。

第二步：动手制作

可以分解为 5 个动作。

动作一：准备一口好锅——选择／制作模板。

网络上可以下载很多现成的模板素材，挑选模板前要思考3个问题，即要展现的主题／内容（严肃、活泼、商业化、学术，还是其他），观众人群特点（年轻人居多还是年长者居多），现场屏幕尺寸（大屏幕还是小屏幕、4:3还是16:9），并结合这些问题来挑选模板。例如，年长者不太容易接受背景为深色的PPT，商业化主题的PPT颜色不宜太过跳跃等。

当然，微软自带的模板也是很不错的，也可以在此基础上稍加发挥，量身定制，包括修改文字格式（字体、字号、缩进、行距）、配色方案、版式设计等。不少公众号都有PPT模板制作的教程，这里不再赘述。

动作二：牢记菜谱——用导航页展示你的基本逻辑。

导航页也就是所谓的目录页，一般设置在封面之后，帮助观众迅速理解PPT的结构和主线。若PPT篇幅较长，可以在两个章节衔接的地方重复出现目录页，将已展示过的条目标为灰色，如20%灰、30%灰、50%灰（图4-3），或者设置过渡页（图4-4）。

图4-3 目录页示例

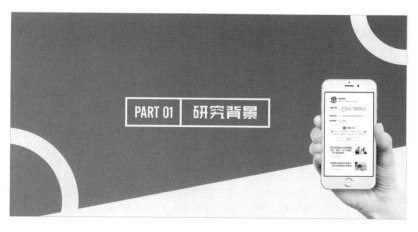

图 4-4　过渡页示例

动作三：原料下锅——把内容提要直接放进来。

这一步很简单，就是把第一步准备好的内容提要直接放入 PPT 页面做基本排版。图 4-5（a）所示是直接将文字内容堆砌在 PPT 中，效果显然不尽如人意，还需要做一些基本的排版工作。

做基本排版相当于做微整形手术，下面是一些有用的提示：放弃宋体，微软雅黑是不错的选择；改变行距，如考虑 1.5 倍行距；适当突出重点，用加粗、改变颜色、放大字号、反衬等手段，排版效果如图 4-5(b) 所示。

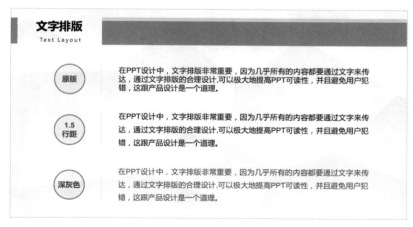

(a) 文字排版技巧

图 4-5　文字排版技巧和强调技巧

文字排版
Text Layout

在PPT设计中，**文字排版非常重要**，因为几乎所有的内容都要通过文字来传达，通过文字排版的合理设计，可以极大地提高PPT可读性，并且避免用户犯错，这跟产品设计是一个道理。

在PPT设计中，**文字排版非常重要**，因为几乎所有的内容都要通过文字来传达，通过文字排版的合理设计，可以极大地提高PPT可读性，并且避免用户犯错，这跟产品设计是一个道理。

在PPT设计中，文字排版非常重要，因为几乎所有的内容都要通过文字来传达，通过文字排版的合理设计，可以极大地提高PPT可读性，并且避免用户犯错，这跟产品设计是一个道理。

(b) 文字强调技巧

图 4-5 文字排版技巧和强调技巧（续）

动作四：摆盘很重要——设计封面和封底。

直接摆放文字是一种最不容易出错的做法，将文字进行排版、突出重点可以加分，如图 4-6 所示。

图 4-6 封面设计示例

在充分理解 PPT 内容的前提下，用好图片［尤其是大图，如图 4-7（b）］会产生更好的效果。还是同样的主题，可以考虑如图 4-7 所示的两个封面。

（a）

（b）

图 4-7　同样主题的两个封面

封底的设计建议和封面相互呼应，一个重要的小贴士：再次摆上

"关键"信息（如汇报的题目、汇报人名字等），强化印象，如图 4-8 所示。

图 4-8　封底设计示例

动作五：加点"特效"——精细化加工。

这一步的目的是为了让 PPT 更加精美。具体来说，加"特效"就是要善用图、表，包括好看的图片（作为封图、底图、插图等）、丰富的形状（PPT 自带的"形状"）、图形化的 icon（图标）、统计图和表格。

适当增加动画效果和页面切换效果：务必尊重演讲者习惯，拿不准的时候选用最温柔的擦除、淡入淡出就可以。过于炫酷的动画效果要慎用，如果真的需要，建议小面积、低频次使用。

第三步：上菜之前的准备

正式"上菜"前还需要做最后的准备，包括以下内容。

（1）内容审查：PPT 的逻辑是否清晰、是否犯了低级错误（错别字、表述前后不一等）。

（2）兼容性检查：用于播放 PPT 的计算机装的是哪个版本的软件，PPT 是否能够正常显示。

（3）备份：在 U 盘、云盘、邮箱等做好充分备份，以防万一。

（4）备课等于背课：作为演讲者，练习很重要，要熟悉每一页 PPT 的内容及 PPT 之间的切换。

4.2.3 示范与点评

范例一：封面页修改

图4-9为某小组的分析报告封面。该封面存在较多问题，主要有以下方面可以改进。

（1）背景图片：图片选择符合主题，但没有进行模糊处理，导致背景图片过于抢眼。

（2）颜色选择：整个图片几乎只有橙色一个颜色，画面过于单调。

（3）装饰细节：强调字体时使用的是比较直接的直角矩形，且超出了装饰的圆形（不推荐在标题周围用圆形装饰），画面的层次发生了错乱。

（4）排版：整个画面只有最中间有内容，上下左右留白过多。

（5）字体：标题字体和小组名的字体大小比较接近。

图4-9　修改前的报告封面

对以上方面尝试改进，得到如图4-10所示的幻灯片。

图 4-10　修改后的报告封面

范例二：目录 + 内容页修改

图 4-11 为该小组的分析报告目录页和内容页。作者可能因为页面主体内容太少，为避免页面显得过于空白，试图将目录页和内容页结合在一页中。这一页存在以下问题。

（1）背景图片：背景图没有做模糊化处理。

（2）字号：该页面最大的问题在于配色和字号。除了标题外，整个页面的字号都过大。一般来说，除非需要特别强调或用来装饰的文字，正文字号需要保持在 12~18 号。无论内容多空旷，都需要尽量避免用把正文字体加大加粗的方式来扩展内容。

（3）配色：这一页的配色为橘色和咖啡色，过于突兀。建议从专业的配色网站上寻找配色，或在这两个颜色中选择一个来使用。一般来说，选一个合适的颜色配合白色，再加上透明度的使用，就可以完成一个比较优秀的 PPT 作品了。如果需要增加配色，一定要参考专业的配色网站或优秀的设计作品，避免自行配色。

（4）排版：该页面左侧排版出现了较大的问题。作者希望在左侧的目录部分进行标签化的创新处理，突出"背景介绍"这一条。很可惜，效果并不理想，目录的各个部分区分不太明显。如果想实现这种效果，可以巧用透明度的方法进行突出强调。

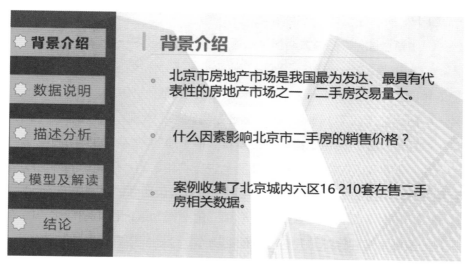

图 4-11　修改前的目录页和内容页

图 4-12 是对上述问题改进后的幻灯片页面。

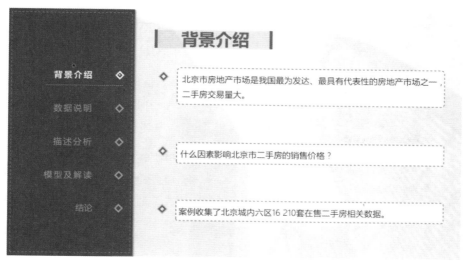

图 4-12　修改后的目录页和内容页

范例三：内容页修改

图 4-13 为该小组的纯内容页。这一页需要修改的部分较少，但存在一些 PPT 新手经常疑惑的问题。

（1）背景图片：图片太明显，蒙版的透明度需要进一步降低。

（2）排版：乍一看这一页 PPT 似乎问题不大，但总感觉这一页的颜色太单调，似乎少了点什么。新手一般都会很疑惑，明明我也用了背景图片，小标题前也加了小图标，为什么还是看起来不美观？实际上是"白色"这个颜色的问题。白色本身给人很素雅、很干净的感觉，如果用白色作为背景色，需要使用较大面积的其他颜色进行中和平衡。最简单的办法就是在页面标题的部分加上横幅，这样可以有效解决页面颜色过于单调的问题。

（3）图标：使用系统自带的菱形和三角形作为装饰性小图标过于简单了，一般好看的图标都需要进行其他的操作，让图标更有层次感和动感。

（4）图表标题的强调不够明显和美观。

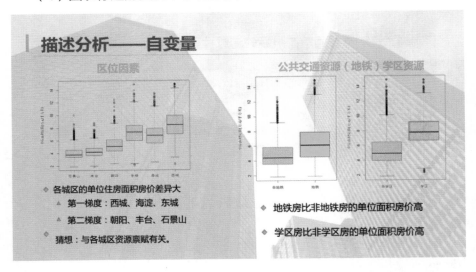

图 4-13　修改前的内容页

图 4-14 是对上述问题改进后的幻灯片页面。

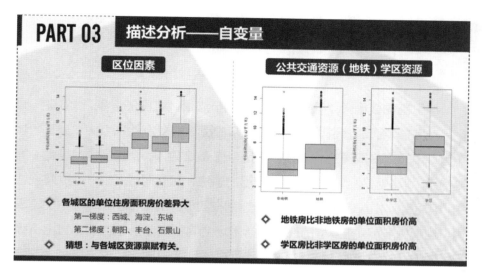

图 4-14　修改后的内容页

4.2.4　课后作业

在 TASK 13 的课后作业中，已经形成了一份数据分析报告。现在，尝试将这份数据分析报告的关键点制作成 PPT。PPT 至少应该包含封面页、目录页、内容页、过渡页和封底等。控制 PPT 的篇幅，提交一份不多于 20 页的 PPT。

4.3 TASK₁₅ 以 PPT 为核心的表达与沟通

这里首先要区分"演讲"和"表达与沟通"之间的区别。"演讲"更多是单向的，演讲者说，观众听，观众的反馈最多也就是点头、鼓掌、嘘声等，没有太多沟通的可能性。但是，在商业实践中，甚至学术场合，需要的是"表达与沟通"，"表达"自己的想法，然后期待反馈，形成建设性的"沟通"。本小节更关注的是后者，即在典型的商业或学术环境中的"表达与沟通"。有哪些典型的商业或学术场合呢？商业活动主要涵盖上下级工作汇报、标书讲解、需求沟通等；而学术活动主要包括论文答辩、基金答辩、项目答辩等。由于在这些场合中，PPT 常常是一个不可或缺的元素，因此，本节的讨论将聚焦以 PPT 为核心的表达与沟通，尝试从"表达与沟通"的角度，检讨 PPT 制作中可能出现的典型问题，以及对表达与沟通所产生的常见后果。

4.3.1 从"表达与沟通"的角度看 PPT 制作的问题

1.PPT 太长

PPT 到底多长才好？答案的核心是"不要太长"。在任何场合下，汇报时间都是宝贵而有限的。因此，问题的关键在于如何在有限的时间内，在 PPT 的帮助下，达到最优的沟通效果，也就是保证每页 PPT 都有充足的时间去讲、去跟观众沟通。如果 PPT 太长，后果就是"疲于奔命"，每页 PPT 最后都无法讲透；观众没有时间消化吸收，很容易忘记前面讲的内容。

那么，PPT 到底多少页才合适？每个人的语速习惯有所不同，一个比较通用的标准是：大概一分钟一页 PPT，含标题页和结尾页。那么一个 20 分钟的汇报，PPT 的页数就以 20 页为标准，可以更少，但是尽量不多。

2. 每页 PPT 主题不明

每页 PPT 都要有一个核心主题，或表达一个想法，或讲述一个故事。

这方面最典型的问题是"一带而过"。有的人做分享时，虽然展示了非常精美的 PPT，但仅仅一带而过，甚至连一句讨论和评述都没有。这不仅浪费了汇报时间，可惜了精美的 PPT，更糟糕的是，还会分散观众的注意力："刚才过去的那一页讲了什么？里面有什么重要的内容呢？"

有读者可能会问："标题页有什么故事可讲？"当然有！至少可以表达两个核心故事:（1）简单介绍研究报告题目;（2）介绍自己，介绍合作伙伴，介绍研究团队。标题页承担着极其重要的暖场任务。通过标题页的一分钟左右的寒暄，迅速拉近自己与观众的距离。同理，结尾页也有故事。做一个完美的结束: 我的报告结束了，感谢大家的认真聆听，感谢大家提出的宝贵建议。同时展望一下未来，告诉观众自己还会尝试做什么。最忌讳的是匆忙结束，慌张离去。

3. 一页 PPT 上内容太多

一页 PPT 上内容不要太多，尤其是文字。其实，这点并不是绝对的。有时候的确能看到非常优秀的演讲者，他们展示着内容繁多的 PPT，不仅讲解到位，而且与观众沟通得很好。但是，能够具备这种驾驭能力的人其实是非常少的。绝大多数人，当 PPT 上充斥着大量的文字和数字的时候，就基本上变成"念"了。这种情况下，观众也会开始"读"，同时关闭了"听"的频道，完全忽略在讲什么。因此，建议初学者聚焦在一个关键点上，形成冲击力的表达效果。例如，现在要讲一个"呼叫中心"的案例，大致的背景是通过数据分析如何节省成本。配合这个故事，可以用图 4-15 所示的 PPT 来展示。首先，几个接线员的图标，让观众一看就知道是呼叫中心；其次，用一些简单的箭头标识，表示成本下降；最后，PPT 上动画最好也不要太多。在配合演讲时，好处也是非常明显的:（1）核心思想一目了然，利于讲解;（2）详细内容一无所知，因此观众会产生好奇心，让耳朵和眼睛的注意力都集中到演讲者这里来，而不是到 PPT 那里去。永远要记住: 优秀的表达沟通是以思想内容取胜，而不是靠精美的 PPT 取胜。

图 4-15 "呼叫中心" 案例 PPT

4.3.2 表达与沟通的注意事项

PPT 制作好以后，下面开始做分享汇报，又有哪些应该注意的呢？

1. 注意演讲仪态

可以从这几方面注意自己的仪态。（1）可以在会议室里走动，拉近跟每一个观众的距离。但是，一旦"到位"，就要站定，不要晃来晃去。（2）不轻易用激光笔，如果用，就要准确，小红点（或小绿点）安静稳定下来后，再讲内容。（3）降低语速，表述清楚。（4）盯着观众的眼睛看，形成目光交流，从中可以看出观众是否非常困惑。

2. 不要在不同的 PPT 页面之间跳来跳去

很多读者会经历这样的场景，演讲者讲到一半的时候突然说："这里讲的这个问题需要这么几个数字，就是前面某某页讲到的，大家看一下。"一边说就一边往回翻页，有时又翻得不准确："抱歉，翻过头了，我再向后翻两页。"一通折腾后，观众彻底混乱了。

PPT 翻来翻去是一个大忌。如果一定要涉及前面的内容，那就把前面的内容单独做一个页面，放在后面。这样，就可以让整个汇报如行云流水。跟这点相关的另一个典型问题就是：激光笔到处乱晃。有的人喜欢用激光笔在 PPT 上圈来圈去，晃来晃去。实践证明，这个做法催眠的效果相当不错。

3. 不要跟人争吵

先假想一个可能发生的场景：你作为演讲者正讲得高兴，突然跳出一个人来说："你这讲得完全不对，简直是胡说八道！"如果这个观众说得确实有道理，你要承认错误，下次改进。但经常是有些观众压根就没听懂，便开始下结论。结果，你开始跟他争吵："你根本没听懂，我不是这个意思，你完全理解错误！"然后，这位观众仍然毫不退让，继续搬出其他莫名其妙的理由。

大家仔细想想这种场景是否经常存在。这个讨厌的"他"是谁？可能是答辩委员会的专家，可能是客户方的重要领导等。请大家注意，在任何场合下的沟通和分享都有着美好的目的。我们的目的显然不是去跟人争吵的。这种情况下应该怎么办？

第一，千万别生气。一生气，就会被情绪主导，被对手拖入对他特别有力的"混战"。而且作为"台下普通人"向"台上专家"挑战，似乎很了不起。所以，作为演讲者，千万不要生气。

第二，快速确认这是不是一个可以通过一问一答快速解决的问题。如果不能，就说："您这个问题很重要，但是受时间限制，我可能没法很快回答您，我们可以下来再沟通。"如果对方确实是对问题感兴趣，下来后会主动形成更加充分有效的沟通。如果对方继续不依不饶，那他将变成所有人的对立面，因为他的行为会耽搁所有人的时间。你可以说："您看，今天时间非常有限，还有这么多观众有其他的问题。您的问题我确实立刻解答不了，请您把时间留给其他观众，下来我非常乐意花更多时间听您的建议。"

4. 搞清楚对方的问题，直截了当回答

这里想说的是，避免答非所问。假设有人问："您这个研究样本量多大？"你作为演讲者，内心可能开始产生大量的思考："我的样本量才 200 不到，他会不会认为我的样本量太小？可是他知道这个研究有多难吗？他

知道这样的数据多么不容易获取吗？不行，我得说清楚。"

然后，你开始回答："我这个研究关心的是这样一个问题。在我之前已经有好多人做过了，他们分别是张三、李四、王五。张三用了这种数据，数据质量不如我的。李四虽然用了一种新技术，但解决问题的效果不好。王五的技术手段跟我的一样，样本量跟我也差不多。但我为何不采集多一些样本呢？这就涉及诸多方面的原因了。

啰唆了半天，你依然没有回答问题：样本量到底是多少？此时，提问者和观众的内心是崩溃的。这种情况非常常见，演讲者完全没听懂问题，就开始着急回答，最后解释了很多却没回答问题。这里推荐一个很有效的技巧："您的问题我复述一遍，看看我理解是否正确？"就这么一招，对于提高沟通效率非常有帮助。

5. 不为自己的错误和局限辩护

无论是学术思想还是数据分析结果，不完美甚至有错误，都是再正常不过的事情。自己的错误被人指出来了，怎么办？勇敢、坦诚地承认。"您说得非常正确，我们之前确实没有注意到这个问题。这个问题很重要，谢谢您，回去我们重新思考改正！"这是正确的应对方式，而不是找一堆理由为自己辩护。

同样，任何研究和分析都是有局限性的。与其让别人指出，不如在汇报过程中，就把这些局限性尽可能客观中立地描述清楚，跟大家分享这个局限性产生的客观原因及自己未来的思考。这样做至少有两个好处，第一，不会让人把自己的问题"揪"出来。自己"招"跟被人"揪"，给人的印象很不一样。自己"招"显然更加从容一些，更容易给人们留下诚实靠谱的印象；而"揪"就有点被动了。第二，提前解答一些观众必问的问题。这样能够节省很多的沟通时间，让后面的沟通和交流集中在新问题上，形成更好的改进意见。

表达与沟通，是一个人毕生都需要的专业能力，需要终身学习！

4.3.3　课后作业

　　尝试寻找机会进行 PPT 汇报，或自己私下做练习。通过汇报，反复修改 PPT，力争汇报连贯，重点突出。

4.4 TASK16 代码规范

最后一个 TASK 要分享的是代码的规范（以 R 语言为例）。之所以将代码规范放在本节，是因为代码也属于与人沟通的重要环节。本节分为五部分，即代码注释、代码命名规则、代码模块化、代码调试与代码效率优化。

4.4.1 代码注释

代码注释是非常重要的部分，它的作用叫作"你好我好大家好"。给代码加入注释，首先是为了自己以后修改与查找方便，这叫作"对你好"。其次，代码不一定只有一个人看，请对"我好点"，把注释写清楚，不然"我"如何读懂你写的代码。最后，对于庞大的项目，代码规范与版本控制是非常严格的，需要在最开始的时候协调好（这部分内容不在 TASK 训练的范围之内，有需要的读者可以去深入学习 Git 或 SVN 的使用），这叫作"大家好"。文件注释、分块注释和代码注释示范如图 4-16 所示。

```
# 文件注释（还解释变量哦！）
# Target: solve a linear equation Ax=b
# Argument:
## b                -- Vectoer of Right Hand Side
## x0               -- Initial Value
## eps              -- Precision Parameter

Result <- function(Ax, b, x0 = rep(0, length(b)), eps = 1e-6){
    ## 分块注释
    ## Compute Residual
                                    #代码注释
    m = length(b)                   #XXXXXXX
    x = x0                          #XXXXXXX
    r = b - Ax(x0,...)              #XXXXXXX
```

图 4-16 文件注释、分块注释和代码注释示范

代码注释的部分经验总结如下。

（1）文件注释：写清楚代码文件主要是用来做什么的。

（2）分块注释：写清楚某部分代码的主要功能。例如，这部分代码是

数据描述的，那部分代码是建模的。

（3）代码注释：写清楚某句代码的主要用途和涉及的重要公式与文献。注意，注释尽量对齐，方便阅读。

4.4.2 代码命名规则

任何语言在命名方面都有约定俗成的规则。千万不要脑洞大开，不然很可能会写成下面这样。

```
变量 1：   a <-XXXXXX
变量 2：   aa<-XXXXXX
变量 3：   aaa<-XXXXXX
……
变量 100:aaaa……aaaaaaaaaa<-XXXXX
```

对于 R 语言，约定俗成的规则有以下 3 点。

1. 用有意义的词定义变量名

例如，车联网的案例中，需要定义某辆车在某段行程中的最大速度。那么就可以使用 speed_max 来定义这个变量。千万不要使用拼音 zuida_sudu。

2. 构建自己的代码风格

命名规则一般分为文件名、变量名、函数名、常数名等。文件命名用 "." 分隔，如 predict.ad.revenue.R（广告收入预测）。变量及函数命名规则：在 R 环境下，大小写是敏感的，变量名用小写字母，单词间用 "_"分隔；函数名的每个单词用大写字母开头，不用 "_"连接。常数项和函数一样命名，但以小写的 k 开头。下面是一些更加具体的示例。

```
变量名：avg_clicks
函数名：CalculateAvgClicks( 函数是个动作，可以写成动宾结构 )
常数名：kConstantName
```

这样就构建了一套统一的代码风格。保持一致，并告诉合作者，有助于团队合作。

3. 全球统一的代码风格

如果不能形成自己的代码风格，或觉得不知道怎么设定，那么可以使用其他规定好的代码风格。可以参考 Google 或 Hadley 风格，感兴趣的读者请自行搜索。

4.4.3　代码模块化

代码写得好不好，全靠函数来提高。如何去理解呢？首先，函数是把定义域映射到值域的变换，广义来讲就是实现把 A 变成 B 的过程。代码延续了函数的广义概念，代码中的函数就是实现某个特殊功能或动作的代码模块，它有输入与输出。在写代码的时候发现所做的事情是一个完整的功能或动作，那么它就可以被抽象成函数使用。这个时候，模块化的代码可以大大降低重复工作量。

继续以车联网的案例为例。在对车联网数据做描述分析的时候，经常需要绘制某辆车在重要的行程上的轨迹。这里会涉及绘制从某个起点到终点的轨迹的代码。

绘制某辆车 12 月 1 日的行驶轨迹的代码如图 4-17 所示。

```
# 读入数据
data.one <- read.csv(file = "12 月 1 号轨迹")
# 设置参数
markLine_Control <- markLineControl(symbolSize = c(0, 5),
                                    smoothness = 0,
                                    effect = T,
                                    lineWidth = 2,
                                    lineType = "dashed")

# 画轨迹图
remapB(center = map_center,
       zoom = 11,
       color = "midnight",      #调整背景
       markLineData = markLine_data,
       markLineTheme = markLine_Control,
       geoData = data.one      #三列，第一列为经度，第二纬度，第三对应 ID)
```

图 4-17　绘制某辆车 12 月 1 日的行驶轨迹的代码

在图 4-17 中，输入 12 月 1 日的轨迹数据可以绘制出某车辆的轨迹。之后又用 12 月 2 日的数据绘制行驶轨迹，代码如图 4-18 所示。

```
# 读入数据
data.two <- read.csv(file = "12 月 2 号轨迹")
# 设置参数
markLine_Control <- markLineControl(symbolSize = c(0, 5),
                                     smoothness = 0,
                                     effect = T,
                                     lineWidth = 2,
                                     lineType = "dashed")

# 画轨迹图
remapB(center = map_center,
       zoom = 11,
       color = "midnight",    #调整背景
       markLineData = markLine_data,
       markLineTheme = markLine_Control,
       geoData = data.two    #三列，第一列为经度，第二纬度，第三对应 ID)
```

图 4-18　绘制某辆车 12 月 2 日的行驶轨迹

大家有没有发现，除了数据的名称不一样以外，其余代码都一样，所以可以把重复出现的代码模块化到同一个函数，如 plotTrajectory（图 4-19）。如此一来，代码变得十分简洁明了！

```
# 画地图函数
plotTrajectory <- function(data){
  # 读入数据
  data <- data
  # 设置参数
  markLine_Control <- markLineControl(symbolSize = c(0, 5),
                                       smoothness = 0,
                                       effect = T,
                                       lineWidth = 2,
                                       lineType = "dashed")

  # 画轨迹图
  remapB(center = map_center,
         zoom = 11,
         color = "midnight",    #调整背景
         markLineData = markLine_data,
         markLineTheme = markLine_Control,
         geoData = data    #三列，第一列为经度，第二纬度，第三对应 ID)
}

# 主函数
## 读入数据
data.one <- read.csv(file = "12 月 1 号轨迹")
data.two <- read.csv(file = "12 月 2 号轨迹")
data.three <- read.csv(file = "12 月 3 号轨迹")
## 模块化作图
plotTrajectory(data.one)
plotTrajectory(data.two)
plotTrajectory(data.three)
```

图 4-19　绘制行驶轨迹的函数

4.4.4 代码调试

调试是写好代码非常重要的环节。代码调试分为如下 5 个步骤。

（1）从某一行开始调试代码。

（2）运行一行代码。

（3）连续执行多行代码。

（4）进入某个函数调试代码。

（5）停止调试代码。

读者可以利用 Rstudio 实现调试过程全部可视化。举一个简单的例子介绍上面的 5 步是怎么完成的。假设要生成一个 10×10 的矩阵，矩阵的第 j 列放入的数字是 j。为实现该功能，编写的称为 CreateMatrix 函数，然后开始调试。

（1）设置断点，执行被调试代码到断点。在代码某一行的最左端单击，就会出现一个小红点，这称为设置断点，如图 4-20 所示。

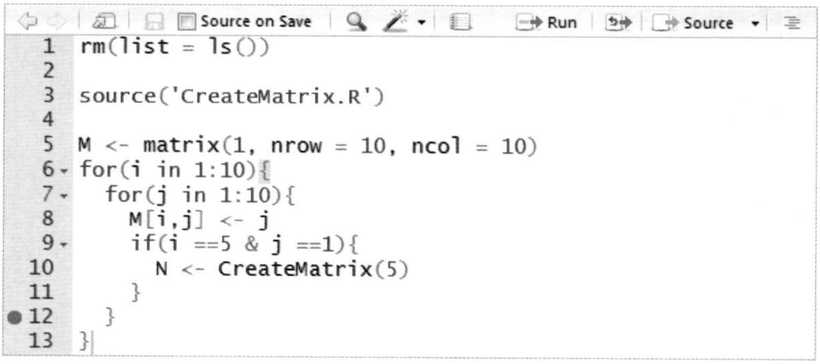

```
1  rm(list = ls())
2
3  source('CreateMatrix.R')
4
5  M <- matrix(1, nrow = 10, ncol = 10)
6  for(i in 1:10){
7    for(j in 1:10){
8      M[i,j] <- j
9      if(i ==5 & j ==1){
10       N <- CreateMatrix(5)
11     }
12   }
13 }
```

图 4-20　设置断点示例

然后在 Rstudio 中单击"Source"按钮。这时候会出现一个箭头，并且部分代码颜色发生改变。Rstudio 将会执行代码到断点（小红点为止），告诉你主要调试的就是这段程序，如图 4-21 所示。

```
1   rm(list = ls())
2
3   source('CreateMatrix.R')
4
5   M <- matrix(1, nrow = 10, ncol = 10)
6▾  for(i in 1:10){
7▾    for(j in 1:10){
8       M[i,j] <- j
9▾      if(i ==5 & j ==1){
10        N <- CreateMatrix(5)
11      }
12    }
13  }
```

图 4-21　开始调试示例

（2）单击"Next"按钮，只运行一行被调试代码。观察 Rstudio 的控制台，可以看到如图 4-22 所示的工具栏，单击"Next"按钮就是执行被调试代码的一行。

```
Console  ~/Desktop/
◄▤ Next  [↱]  ◄▤  ▶ Continue  ■ Stop
```

图 4-22　代码调试工具栏

（3）单击"Continue"按钮，执行到下一个断点的代码处。连续单击两次"Continue"按钮，可以看到代码都是在循环的断点处停止。从工作环境来看，i 已经变为 3，如图 4-23 所示。进入某个函数进行调试。继续单击"Continue"按钮，直到 i=5。这个时候被调试的代码可以进入"N <- CreateMatrix（5）"这一行。

```
1   rm(list = ls())             Global Environment ▾
2                               Data
3   source('CreateMatrix.R')      M              num [1:10,
4                               Values
5   M <- matrix(1, nrow = 10, ncol = 10)  i          3L
6▾  for(i in 1:10){               j              10L
7▾    for(j in 1:10){           Functions
8       M[i,j] <- j
9▾      if(i ==5 & j ==1){       Traceback
10        N <- CreateMatrix(5)   ▸ [Debug source] at debug.R:7
11      }
12    }
13  }
```

图 4-23　调试代码的环境变量

（4）接着单击工具栏中的 按钮，就可以进入 CreateMatrix 进行调试（图4-24）。

```
1  CreateMatrix <- function(num = 10){
2      M <- matrix(1,nrow = num, ncol = num)
3
4      for (i in 1:num){
5          for (j in 1:num){
6              M[i,j] = j
7          }
8      }
9      return(M)
10 }
11
```

图 4-24　进入函数进行调试

（5）停止调试。只需要单击"Stop"按钮就可以在任意调试步停止。

4.4.5　代码效率优化

代码写完了，并运行顺利，没有任何错误。下一步就是想办法优化代码的运行效率。

（1）检查代码效率。代码效率就是要知道，哪部分代码运行起来最耗资源（包括内存与计算时间）。同样的工作，你的计算机运行了 24 小时，而别人只用 1 小时。这个问题如何解决？可以单击如图 4-25 所示的菜单项。

图 4-25　Profile 菜单项

Profile 是 Rstudio 中自动计算代码运行效率的功能模块。继续 4.4.4 节的例子，如图 4-26 所示。

```
1  rm(list=ls())
2
3  source('CreateMatrix.R')
4
5  M <- matrix(1,nrow = 10000,ncol = 10000)
6
7  for (i in 1:10){
8      for (j in 1:10){
9          M[i,j] = j
10         if(i == 5 & j == 1){
11             N <- CreateMatrix(5)
12         }
13     }
14 }
```

图 4-26　需要 Profile 的代码块

选中图 4-26 所示的需要 Profile 的代码，使用 Profile，选择 Profile Selected Line（s）选项可以得到如图 4-27 所示的结果。

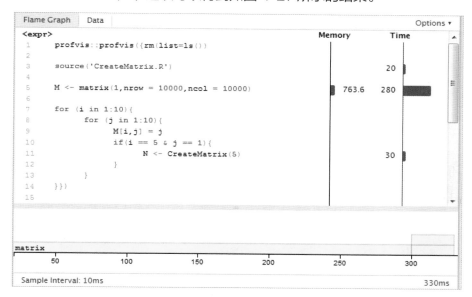

图 4-27　Profile 后的结果

Rstudio 会通过 Profile 方法重点标注那些消耗大量计算资源的代码。如图 4-27 所示，本例中的代码 "M <- matrix(1,nrow = 10000,ncol = 10000)" 在内存与计算时间上是最耗费资源的，分别为 762.9MB 与 330 毫秒。

（2）解决那些效率低下的代码的常见方法如下。

① 向量化处理。以构建一个 10×10 的矩阵为例，具体代码实现如图 4-28 所示。读者可以利用上述 Profile 的方法比较以下 3 种方法的效率。

```
# 构建一个10×10的矩阵，矩阵第一列是1，第二列是2，
#一直到第十列是10

# 方法1
M <- matrix(1,nrow = 10,ncol = 10)
for (i in 1:10){
        for (j in 1:10){
                M[i,j] = j
        }
}

# 方法2：向量化赋值
for (i in 1:10){
    M[, i] <- i
}

# 方法3：线性代数乘法运算
M <- M%*%diag(1:10)
```

图 4-28　向量化处理示例

② 使用内置函数。以求矩阵的列均值为例，具体代码实现如图 4-29 所示。同样读者可以使用上一节 Profile 的方法比较一下哪个方法速度快。并且可以进一步思考：如果是大规模矩阵，结果又是怎样？

```
20
21  #求矩阵M的列均值
22
23  avg1 <- c()
24  for (i in 1:10){
25    avg1[i] <- mean(M[,i])
26  }
27
28  ave2 <- apply(M, 2, Mean)
29
30  avg3 <- colMeans(M)
31
```

图 4-29　使用内置函数示例

4.4.6　课后作业

请打开曾经写过的 R 代码，按照 TASK 的标准重写代码注释、命名规则部分。检查自己的代码是否有大量冗余需要模块化的地方。尝试使用 Rstudio 自带的调试工具对自己的代码进行调试。最后，运行代码，通过 Profile 找出代码中最耗费资源的部分，想办法优化该部分。

第5章
实战案例

5.1 案例一

北京高端酒店价格影响因素分析

中央财经大学 高天辰

摘要：本案例以北京高端酒店（四星及以上）为研究对象，通过统计分析探究酒店地区、房间类型、装修时间等相关因素对酒店价格的影响。对数线性回归模型的结果表明，酒店的自身因素（如房间类型、酒店地区等）对酒店价格有显著影响。此外，本案例还收集了 POI 数据，用以说明酒店周边环境因素对酒店价格的影响。

一、背景介绍

童话故事里有一个豌豆公主，皇后为了考查她是不是真正的公主，在豌豆公主的床榻上放了一粒豌豆，取出 20 张床垫子，把它们压在豌豆上。随后，她又在这些垫子上放了 20 床鸭绒被。第二天早晨大家问豌豆公主昨晚睡得怎样，豌豆公主说："一点儿也不舒服，天晓得床下有什么东西？有一粒很硬的东西硌着我，这真是太可怕了！"在现实生活中，随着人们对住宿品质要求的不断提高，豌豆公主也不再是童话故事。面对着对高品质住宿有极大需求的"豌豆公主"们，洲际国际酒店集团推出标语：让每一个豌豆公主都能拥有最舒适的睡眠，致力于满足每一个豌豆公主的所有需求。

出于人们对于品质生活的不断追求，北京五星级酒店数量从 1997 年的 3 家到 2017 年的 61 家，增长了近 20 倍。2015 年北京星级酒店营业总额高达 342.57 亿元[①]，仅占酒店总数 4%~5% 的五星级酒店创造了酒店行业近 20% 的营业额。

北京五星级酒店的价格约在 1500 元一晚。除了酒店自身的品质（如装修时间、服务等），酒店所处的位置和周边环境同样影响价格的高低。例如，酒店周围是否有景点或大型商圈，交通是否便利。本案例使用 POI 数据来刻画酒店周边环境。首先介绍一下什么是 POI 数据。POI（Point of Interest）是一个兴趣点，由地图厂商或用户生成，包含经纬度信息和类别标签等信息。举一个例子：微信用户小辰刚刚把在家里"大闹天宫"的弟弟送去学校，回到小区门口，突然感叹小区清净了很多，于是拿出手机发送朋友圈，定位在小学旁边，如图 5-1 所示。那么这样一个定位信息就是一个 POI 数据，其中所包含的信息有地点（章丘市福泰小学）、经纬度（36.708,117.526）、类别（小学）、来源（微信朋友圈）。本案例所使用的 POI 数据，后文将进行详细介绍。

---

① 全国：星级酒店营业额：客房收入 [EB/OL]. 前瞻数据库，2018-06-06.

地点：章丘市福泰小学

经纬度：36.708,117.526

类别：小学

来源：微信朋友圈

图 5-1　POI 数据示例

综上可以看出，五星级酒店的受欢迎程度不言而喻。但同样是五星级酒店，价格却不一。例如，北京龙城丽宫国际酒店的标准间价格为 1029元，而北京柏悦酒店的标准间价格为 1822 元。到底哪些因素在影响酒店价格呢？本案例以北京四星级及以上酒店为研究对象，收集并分析相关数据，通过经纬度信息用 POI 数据对酒店周边环境进行具体刻画，以研究影响酒店房价的因素及作用方式，从而预测酒店房价。

点评：这个案例的背景介绍，难度并不算大，因为读者对于酒店价格这类话题并不陌生。阅读下来，背景介绍的逻辑比较顺畅。作者花了一点篇幅介绍 POI 数据，这是能够给读者提供额外信息的一个亮点，也是整个背景介绍中比较吸引读者的地方。

二、数据来源与说明

本案例所使用的数据来自途牛网，数据采集时间是 2017 年 8 月，共716 条记录。数据共包含 14 个变量，其中将酒店价格作为因变量，将酒店自身因素（装修时间、房间类型等）、评价因素（评价数、卫生评分等）和位置因素（POI 数据）等 13 个变量作为自变量。详细的变量说明如表5-1 所示。

表 5-1　数据变量说明表

变量类型	变量名	详细说明	取值范围	备注
因变量	酒店价格	定量数据 (单位：元)	550~9970	主要研究对象
自变量 酒店因素	酒店名称	文本数据	例：古北水镇大酒店	
	酒店地址	文本数据	例：东城金宝街92号	
	酒店地区	定性数据 共4个水平	朝阳区、东城区、 海淀区、其他城区	占比分别为 36%、19%、14%、31%
	装修时间	定性数据 共2个水平	新装修、旧装修	新装修占9.7%
	房间类型	定性数据 共3个水平	标准间、商务间、 豪华套间	占比分别为 34%、34%、32%
评价因素	评价数	定量数据	0~569	均值：210
	卫生评分	定量数据	满分5分 ≥4.5为高评分 <4.5为低评分	均值：4.61
	位置评分	定量数据		均值：4.36
	服务评分	定量数据		均值：4.53
	设施评分	定量数据		均值：4.45
位置因素	出行住宿	POI数量	0~255	均值：93.3
	校园生活	POI数量	0~160	均值：20.8
	公司	POI数量	0~126	均值：28.0

点评：数据变量说明表做得非常工整，简单、美观、清晰。

三、描述性分析

在对房价的影响因素进行模型探究之前，首先对各变量进行描述性分析，以初步判断酒店价格的影响因素，为后续研究做铺垫。

（一）因变量：酒店价格

在本案例中，酒店价格最高的是位于海淀区的北京朗丽兹西山花园酒店，2014年装修，其豪华套房价格为9970元；酒店价格最低的是位于昌平区的北京阳坊胜利饭店，2015年装修，标准间价格为550元。酒店价格的最大值与最小值之间差异极大。既有经济实用平价房也有部分奢华享受的天价房。

通过酒店价格分布直方图（图5-2）可以看到，酒店价格呈明显的右偏分布，大多集中在1000~2000元。酒店价格的均值为1656元，中位数为 1390 元。总体来说，目前北京高端酒店的价格普遍集中在 1500 元附近，存在少量"天价"酒店，拉高了整体的平均水平。

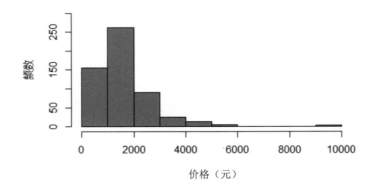

图 5-2　酒店价格分布直方图

（二）自变量：酒店因素

酒店因素包括酒店名称、酒店地址、酒店地区、装修时间和房间类型。

首先研究酒店的分布情况，从图 5-3 可以看出，北京高端星级酒店集中分布在朝阳区和东城区，大多分布在著名景点、商圈、交通枢纽附近。天安门等旅游胜地附近的酒店房价最高，平均约为 2391 元；首都机场、北京站等交通枢纽附近酒店房价偏低，平均约为 1334 元。由此可初步猜想，酒店位置对酒店价格有影响作用，这可能与酒店的目标人群（旅游度假、商务出差等）有关，也可能与酒店周边的设施环境有关。由此，本案例尝试引入 POI 数据，详细刻画酒店周边环境因素。POI 数据的详细信息将在后文进行介绍。

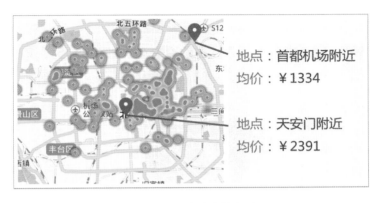

图 5-3　酒店分布热力图

图 5-4 进一步描述了酒店房间类型与装修时间对酒店价格的影响。由此可以看出，酒店标准间的价格最低，豪华套间的价格最高，商务间居中。新装修（两年以内）的酒店价格相对较高，旧装修（两年以上）的酒店价格相对较低。一般新装修的酒店、设施卫生都优于其他酒店，所以价格相对较高。这些结论比较符合大众的预期。

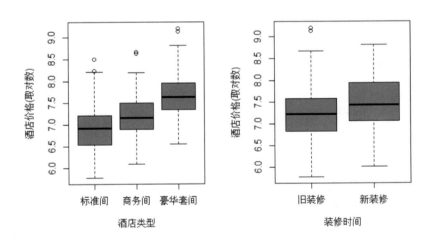

图 5-4　酒店类型与装修时间对酒店价格的影响

（三）自变量：评价因素

评价因素包括卫生、服务、设施、位置评分和评价数。

对评价因素中的卫生、服务、设施及位置评分进行研究。如图 5-5 所示，4 个评价因素的相关性很高，在建模中考虑到可能会出现多重共线性问题，所以本案例中，取 4 项评分的均值作为酒店综合品质评分。

	卫生	服务	设施	位置
卫生	1	0.91	0.84	0.8
服务	0.91	1	0.91	0.87
设施	0.84	0.91	1	0.9
位置	0.8	0.87	0.9	1

图 5-5　相关系数矩阵示意

对于酒店综合品质评分和评价数对酒店价格的影响，从图 5-6 中可以看出，酒店综合品质越高，酒店价格越高。这与人们的常识也相符，即服务、卫生、设施、位置越好，酒店价格越高。但这种差异是否显著，将在进一步建模中进行研究。评价数对酒店价格影响不大。

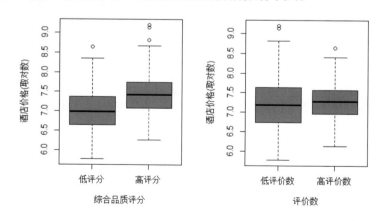

图 5-6　评价因素对酒店价格的影响

（四）自变量：位置因素

本案例使用酒店地址变量解析出酒店经纬度，进而依照经纬度对酒店周边的相关 POI 数据进行整理，形成本案例中的位置影响因素。例如，以北京王府半岛酒店的经纬度（116.42，39.92）为圆心，1 千米为半径，做出酒店周边区域的圆。寻找在该区域有多少公司、学校、可以出行住宿的点（公司：35、出行住宿：165、校园生活：33），形成本案例的位置影响因素。

酒店周边环境是影响酒店房价的一个重要因素，考虑到周边环境的繁华程度，我们使用出行住宿点的数量进行刻画；周边环境的商业化程度，用公司数量进行刻画；考虑到学生住宿也是一个影响要素，学生消费能力普遍偏低，所以引入校园数量以探寻酒店周边环境是否对酒店房价有影响作用。

从图 5-7 中可以看出，公司、出行住宿点数量越多，酒店房价越高，但是这种影响的差异是否显著，将在进一步建模中进行研究。

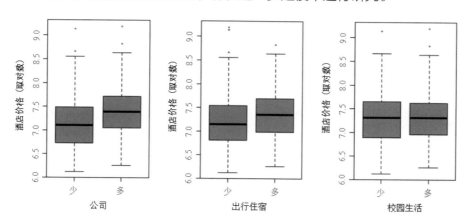

图 5-7　位置因素对酒店房价的影响

综上所述，通过对本案例数据的描述性分析，可以推测，对酒店房价因素可能会产生影响的因素包括：酒店因素（地区、酒店类型、装修时间）、评价因素（酒店综合品质）和位置因素（公司、出行住宿等）。

点评：在阅读报告的时候，停留在文字上的时间不会过长，而是会把注意力放在图表上。这就要求描述分析部分的图表使用要恰当，让读者看图就能了解大概。这个案例的统计图，非常清晰，即使不去仔细阅读文字，也能较好地了解数据的情况。

四、模型建立

为了更深入地分析各因素对酒店价格的影响，本案例将建立酒店价格关于酒店因素、评价因素、位置因素的回归模型，并且试图借助该模型进行一系列商业应用。

（一）对数线性回归模型

本模型建立对数线性回归模型，采用 AIC 准则进行变量选择。结果如表 5-2 所示。

表 5-2　AIC 准则下的对数线性回归模型

变量	回归系数	P值	备注
截距项	0.281	0.479	
酒店综合品质	1.445	<0.001	
房间类型-商务间	0.300	<0.001	基准值：标准间
房间类型-豪华套间	0.746	<0.001	
装修时间-新装修	0.202	<0.001	基准值：旧装修
地区-朝阳区	0.105	0.022	
地区-东城区	0.143	0.020	基准组：其他城区
地区-海淀区	0.170	0.004	
校园生活	-0.003	<0.001	
出行住宿	0.001	0.006	
公司	-0.002	0.126	
F检验	<0.001	调整的R^2	0.5866

在控制其他因素不变时，可以得出如下结论。

1. 酒店因素

酒店地区：海淀区酒店房价最贵，比其他城区贵 17%，朝阳区、东城区分别比其他城区贵 10.5%、14.3%，这 3 个城区可以说是北京繁华程度相对较高的城区，酒店房价贵也符合预期。

房间类型：标准间最便宜，商务间比标准间平均贵 30%，豪华套间比标准间贵 74.6%。

装修时间：新装修的酒店价格比旧装修的酒店价格贵 20.2%。

2. 评价因素

酒店综合品质：每增加一个单位，酒店房价平均增加 144.5%。

3. 位置因素

周边学校越多房价越便宜、出行住宿点越多房价越贵。这也在侧面反映了酒店周边环境越繁华越适合出行游玩，价格就越高。相反，学校聚集的地方，酒店价格偏低。

这些结论与之前的猜想基本符合。而且模型 F 检验拒绝原假设，说明模型是显著的。调整的 R^2 为 0.5866，拟合程度尚可接受。

下面进行模型诊断，如图 5-8 所示。

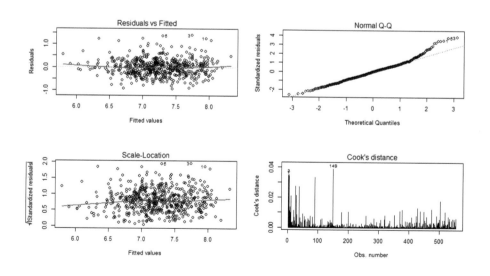

图 5-8　模型诊断图

从残差图中可以看出，没有出现明显的异方差现象；QQ 图表现基本良好；Cook 距离表现正常，表明没有异常点；且 VIF（Variance Information Factor，方差膨胀因子）检验都小于 10 且接近 1，无多重共线性问题。因此，使用对数线性回归模型刻画房价与各因素的关系是较为合理的。

（二）模型预测应用

本案例采用对数线性回归模型进行预测，对本案例数据具有较强的解释性。

1. 房价预测应用

假设你在北京度假旅游，想在北京海淀区的一家酒店住宿，该酒店的综合品质评分为 4.6 分，周边有 60 个出行住宿点，没有学校和公司，今年刚刚装修完毕，那根据本案例的模型，在该酒店的豪华套房住一晚大约需要 3314 元。

2. 商业定价应用

虽然北京星级酒店整体市场火热，但 2015 年北京多家五星级酒店均出现亏损，酒店房间空置率达 40%，其原因主要是因为部分酒店房价过高，性价比不高，竞争力较弱。

2015 年，北京锦江富园大酒店的综合品质评分为 4.1 分，旧装修（2006 年装修），位于其他城区（大兴区），因为亏损问题对酒店房价进行下调，下调的最终结果为标准间 522 元，商务间 707 元，豪华套间 1006 元（标准间原价格为 667 元）。而依照本案例模型，在大兴区，一家酒店综合品质评分为 4.1 分，旧装修（2006 年装修）的酒店定价为标准间 495 元，商务间 668 元，豪华套间 1044 元。本案例预测结果可为酒店定价提供辅助作用。

五、结论与建议

本案例对 2017 年 8 月北京市部分高档星级酒店的房价数据进行统计

分析，得到如下结论。

影响北京高档酒店价格的主要因素有：①酒店因素为地区、装修时间、房屋类型；②评价因素为酒店综合品质；③位置因素为出行住宿、校园生活等。

由于影响酒店房价的因素有很多，因此在未来的研究中可以考虑在模型中加入更多因素。例如，酒店面向对象类型（商务型、度假型等）、位置因素（是否临近景点、是否处于交通枢纽处等）等。另外，若要将模型推广到其他城市，还要进一步考虑各个城市的特有因素（如当地经济发展水平与北京的比较，在旅游城市中是否为景区房、海景房等）。

整体点评：该案例的难度并不算大，但这个数据分析报告完成的质量很高，即结构完整、逻辑清晰、统计图表和模型使用得当。请读者不要忽视这类看似简单的数据分析，而是要以此为切入点打好基础。不要一开始就去建模分析那些复杂的数据，追求模型精度，反而忽略了最基础的训练。

5.2 案例二

携手游港澳——港澳游线上旅行产品销量影响因素探究

中国人民大学 刘旸祺

摘要：本文以港澳游线上旅行产品为研究对象，通过统计分析探究产品类型、供应商、评分等相关因素对港澳游产品销量的影响，建立对数线性回归模型展示各因素与旅行产品销量之间的关联。结论表明产品因素和游客因素对港澳游旅行产品的销量都有显著的影响。

一、背景介绍

在"出境游"概念较为普及的今天，越来越多的游客选择去欣赏境外的美景。国家旅游局的数据表明，在 2014 年以前出境游的人数年增长率都接近 20%，2014 年首次超过 1 亿人次，2017 年达到 1.22 亿人次。其中，出境游港澳的人数占比最高，达到了出境游人数的一半以上。

去往港澳旅游不仅手续便捷，而且文化差异和语言交流压力小，被我国出境旅行者广泛选择，成为出境游的热点。同时，国务院印发的《"十三五"旅游业发展规划》中提出，要"深化与港澳台旅游合作，支持港澳地区旅游发展，扩大旅游对港澳台开放，规范赴港澳台旅游市场秩序。"这体现了我国在政策上对港澳旅游的支持。

但港澳旅游业市场上也存在一定的问题，一是旅行社不正当竞争现象泛滥，时有港澳旅行团"强制消费"、定价虚高、要求旅客参与高额自费活动等的乱象发生。港澳游作为出境游的热点，如果游客在港澳旅行过程中发生了不愉快，将影响游客对提供旅行产品与其发行平台的信任，从而转向其他平台。二是旅行产品旅游方式较为固定，常常陷入著名景点"走走走"和景区"买买买"的困境。此时，在线旅游平台（即 OTA 平台）提供的景点信息、其他游客攻略或游记，并提供半自助游、自由行、深度游、定制游等多样旅游出行方式，能够让游客自主选择喜欢的旅行方式和景点参观，提升游客的旅行体验。游客希望在旅行中能够选择到更好的旅行产品、有更好的旅游体验，旅行产品发行方也希望能从游客的选择中寻找游客对于旅行产品的关注点，并发现自己旅行产品中较其他产品的闪光点，从而不断开发出更符合游客需求的产品。

本文通过收集线上旅行平台中港澳游产品相关的数据，对港澳游旅行产品的销量影响因素进行探究，从而发现哪种因素能够成为游客选择该产品的理由，这将帮助平台提供更好的旅行产品。

点评：背景介绍的一个基本思路应该是旁征博引与由整入微。本案例通过大量的背景数据引入境外游的增长趋势，然后再进入占据境外游主力

的港澳游的论述。条例清晰，值得学习。

二、数据说明

本次分析中所使用的数据全部爬取自某 OTA 平台网站，进行清洗后共有 306 条数据，每一条数据都展示了一个港澳旅行产品的信息。其中，旅行产品的销量是 OTA 平台最为关注的问题，因此，作为我们要研究的因变量列出；自变量被归纳为产品因素和游客因素，产品因素是产品自身的信息，包括价格、出游天数、产品钻级、产品线路等变量；游客因素是选择该产品的游客对产品的评价，包括评分和点评内容两个变量。具体的变量说明如表 5-3 所示。

表 5-3　港澳游旅行产品数据变量说明

变量类型		变量名	详细说明	取值范围	备注
因变量		旅行产品销量	单位：人次	1 ~ 149 488	只取整数
自变量	产品因素	价格	单位：元	333 ~ 6078	只取整数
		出游天数	单位：天	3 ~ 6	只取整数
		迪士尼系列酒店入住晚数	单位：晚	0 ~ 2	只取整数
		产品钻级	单位：级	0、4 ~ 5	0 表示未显示钻级
		产品类型	定性变量	跟团游、自由行、半自助游	分别占 52%、36%、12%
		是否固定酒店系列	定性变量	1 表示是 0 表示否	固定系列占 33.52%
		是否提供电话卡/Wi-Fi	定性变量	1 表示是 0 表示否	提供占比 11.15%
		供应商	定性变量	1 表示是 0 表示否	携程自营占 44.26%
		是否接受 L 签（团队签证）	定性变量	1 表示是 0 表示否	接受 L 签占 10.82%
		产品线路	文本变量	—	—

变量类型		变量名	详细说明	取值范围	备注
自变量	游客因素	评分	游客评分均值	1 ~ 5	一位小数
		点评内容	文本变量	—	—

三、描述统计

（一）因变量：旅行产品销量

将旅行产品销量作为因变量，做对数处理后，得到旅行产品销量的对数分布直方图（图 5-9）。可以看出，旅行产品销量的对数是呈右偏分布的。大部分的旅行产品的销量集中在 100~3000 人次，销量超过 2 万的旅行产品少于 10 个。旅行产品集中的销量在 100~3000 人次，可能是因为很少有游客去选择极为优秀的旅行产品，也可能是因为不同游客对旅行产品的需求差异较大，导致旅行产品的选择是较为分散的。因此，研究哪些因素能够提升旅行产品的销量就显得很有必要了。

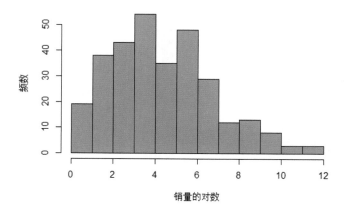

图 5-9 旅行产品对数销量分布直方图

在所有旅行产品中，销量最高的产品是一款 4 日自由行产品，出游人次达到近 15 万。从它的路线推荐景点（表 5-4）中，可以看到很多香港的热门景点，如太平山顶、金紫荆广场等，除了这些热门景点以外，还有一些比较小众的景点，如香港科学馆、香港历史博物馆等。

表 5-4　销量最高旅行产品推荐景点

Day 1	Day 2	Day 3	Day 4
星光大道	太平山顶	加连威老道	南丫岛
天星小轮	杜莎夫人蜡像馆	龙城大药房	榕树湾大街
维多利亚港	凌霄阁	香港科学馆	索罟湾
渣甸坊	金紫荆广场	香港历史博物馆	黄大仙祠
兰桂坊	香港会议展览中心	香港时代广场	朗豪坊商场
希慎广场	DFS 旗下 T 广场	崇光百货	东荟城名店仓
（前三天集中于香港岛）	维多利亚公园（集中于离岛）		

点评：好的数据分析报告要有深刻的业务理解。本案例把旅行产品的旅游景点分布、酒店与旅游线路等众多因素都进行深入综合分析是对业务进行深刻思考与理解后的体现。

（二）自变量

1. 产品因素

（1）基本属性。

对于旅行产品来说，产品的供应商、类型、钻级、出游天数和价格都是最为基本的因素，是游客对旅行产品初期筛选时便会关注的内容（图 5-10）。

| 行程天数 | 2日 | 3日 | 4日 | 5日 | 6日 | 7日 | 8日 | 9日 | 10日 | 11日 | 12日 | 13日 | 14日 | 15日及以上 |

图 5-10　旅行产品网站产品筛选界面

在这些因素中，提供产品的供应商的服务水平一定程度上决定了旅行产品的服务质量；不同游客出行时对不同的产品类型有自己的倾向；旅行产品的钻级将决定旅行中衣食住行等方面的舒适或豪华程度；而出游天数和价格将受限于游客的假期时长和经济状况。图 5-11 展示了旅行产品的供应商和产品类型对产品销量的影响。

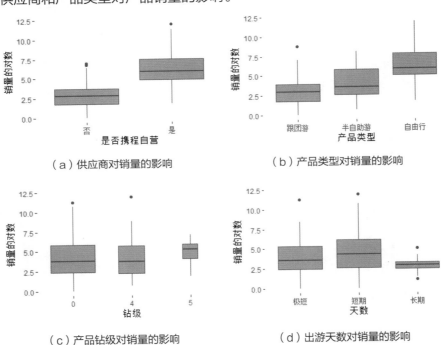

图 5-11　部分基本属性对产品销量的影响

数据思维实践

从图 5-11 中可以看出，对于产品供应商来说，携程自营产品的整体销量要远高于非携程自营产品，游客更倾向选择携程自营产品。这一选择倾向在一定程度上说明了供应商的品质会对游客的选择产生影响。对于产品类型来说，整体销量多少按照跟团游、半自助游和自由行的顺序增加，这表明游客在计划港澳游出行时，最为青睐自由行产品。这可能是因为选择自由行的方式出行能够更为自由的计划行程，得到更加适合自己的旅行体验。

对于旅行产品的钻级来说，钻级为 5 级的产品销量整体情况稍高于无钻级和钻级为 4 级的产品，无钻级和钻级为 4 级的产品销量情况相仿，这可能是因为部分游客对旅行产品的钻级并无太多重视。还有部分游客倾向于选择高钻级的产品，对旅行体验有着较高的要求。对于旅行产品的出游天数，短期（定义出游天数 4~5 天为短期）旅行产品的销量情况较好，表明去往港澳旅行的游客更倾向于选择较为短期的出行。

对于港澳游旅行产品来说，还有最后一个重要的基本属性会影响产品的销量，那就是旅行产品的价格。从图 5-12 中可以看出，旅行产品销量的整体情况随着价格的增加先增大后减小，价格在 2000~3000 元的旅行产品销量情况最好。因而可以说，港澳游的游客更倾向于选择价格适中的旅行产品，这可能是因为出游港澳的游客并不想花费太多。

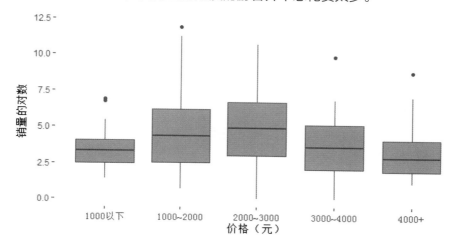

图 5-12　价格对产品销量的影响

（2）酒店因素。

在旅行中住得好不好对旅行体验的影响不可小觑，毕竟休息好才能有精力到各个景点欣赏美景。因此，旅行产品中的酒店品质如何也是需要关注的。对于港澳旅行产品，推广时有两个较为特别的点，一是入住迪士尼系列酒店，二是旅行产品提供固定酒店系列。其中，固定酒店系列是指该旅行产品指定入住某高档酒店，如华丽系列酒店、皇悦系列酒店、澳门喜来登等。图 5-13 展示出了这两点对旅行产品销量的影响。

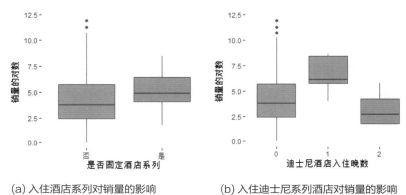

(a) 入住酒店系列对销量的影响　　　　(b) 入住迪士尼系列酒店对销量的影响

图 5-13　酒店因素对旅行产品销量的影响

从图 5-13 可以看出，固定酒店系列的产品整体销量稍高，说明游客有选择品质高的系列酒店的倾向。而对于入住迪士尼酒店来说，入住 1 晚的旅行产品销量情况最好，这可能是因为大部分游客会选择在香港迪士尼游玩一天，尤其是对于亲子游来说，迪士尼酒店绝对是孩子们所向往的童话世界。

（3）附加产品因素。

港澳游作为出境游，无论是签证还是网络的便利情况，都是游客需要考虑的因素。现在，已经有部分旅行产品在这方面提供附加服务了，对于港澳游来说，主要是团体签证（L 签）服务和电话卡（或无线网络 Wi-Fi）的提供。图 5-14 展示了这两个产品附加因素对销量的影响情况。

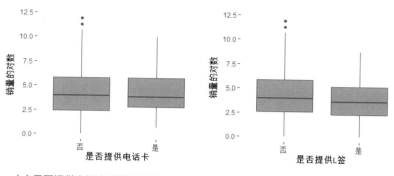

(a) 是否提供电话卡对销量的影响　　　(b) 是否提供 L 签对销量的影响

图 5-14　附加产品因素对旅行产品销量的影响

从图 5-14 中可以看到，提供电话卡和团体签证的旅行产品都没有使销量提升，尤其是团体签证，销量还略有降低。这可能是因为游客对于电话卡的需求可以很容易通过其他渠道（如网购）得到满足。而对于团体签证，有部分选择港澳游的游客拥有个人签证，该部分游客并不需要此项服务。由此看来，港澳游附加产品的提供有一定的用处，但还不能惠及全部游客。

（4）线路因素。

在港澳游旅行产品中，提供了许多旅游景点，通过探究各景点的出游人次，可以发现游客选择港澳游景点时的倾向，从而得到港澳游热门景点的出游情况。表 5-5 展示了香港热门景点及其地理位置，从中可以看出，香港最热门的景点集中于香港岛和维多利亚港湾附近，同时稍远的大埔区也有景点上榜。

表 5-5　香港热门景点及其地理位置

景点名称	景点位于		出游人次
① 太平山顶	香港岛	中西区	3298
② 黄大仙祠	九龙半岛	黄大仙区	2645
③ 维多利亚港	香港岛和九龙半岛之间		2351
九龙	九龙半岛		2001

景点名称	景点位于		出游人次
海洋公园	香港岛	南区	1881
金紫荆广场	香港岛	湾仔区	1577
大埔林村	新界	大埔区	1489
杜莎夫人蜡像馆	香港岛	中西区	1060
尖沙咀	九龙半岛	油尖旺区	715
浅水湾	香港岛	中西区	564

表 5-6 展示了澳门热门景点及其地理位置，从中可以看出，澳门的热门景点集中分布在澳门半岛和路冰填海区上。相对于香港来说，相距距离稍远一些，并且总体来说出游人次较香港也少，可能是游客本身出游澳门的天数就较香港少一些。旅行平台可以通过添加这些热门景点来吸引更多的游客选择旅行产品。

表 5-6　澳门热门景点及其地理位置

景点名称	景点位于	出游人次
①澳门威尼斯人度假村	路冰填海区	1945
②大三巴牌坊	澳门半岛	1840
③妈祖庙	澳门半岛	1150
金莲花广场	澳门半岛	1139
澳门新濠影汇	路冰填海区	612
渔人码头	澳门半岛	564
百老汇	路冰填海区	295

2. 游客因素

在游客选择旅行产品时，不仅会看产品中的信息，也会参考其他游客对该产品的评价，在此，也对旅行产品的游客因素进行分析。图 5-15 显示，随着评分的增加，旅行产品的销量有增加的趋势，评分为 4~5 分的旅行产品的整体销量最高，这说明游客在选择旅行产品时会对产品评分有所关注，并倾向于选择评分更高的产品。

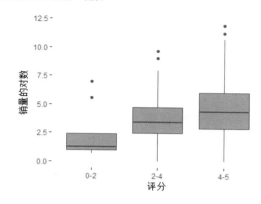

图 5-15　产品评分对旅行产品销量影响

　　除评分之外，不同旅行产品的评价也是游客选择产品的参考。图 5-16 展示了部分高销量（销量大于 1 万人次）旅行产品评价的词云图。从图中可以看出，游客对这些高销量的旅行产品总体来说是满意的，并且"住"和"行"的情况是游客对旅行产品关注的要点，因此，这也应该是旅行产品的发行方应着重提升游客体验的方面。

图 5-16　高销量旅行产品评价词云图

四、建模分析

（一）建立对数线性回归模型

建立上述各变量对旅行产品销量的对数线性回归模型，希望能够定量探究影响港澳游旅行产品销量的因素。其中产品线路和产品评分作为文本变量不进入模型，产品评分进行对数变换后再加入模型。使用逐步回归筛选变量，回归诊断结果良好，调整的 R^2 为 0.47，模型的拟合程度可以接受，最终的回归结果如表 5-7 所示。

表 5-7　对数线性回归模型结果

变量名		回归系数	显著性	备注
产品类型	半自助游	1.057	<0.005	基准组：跟团游
	自由行	3.816	<0.001	
迪士尼酒店入住晚数	1 晚	0.390	0.449	基准组：入住 0 晚
	2 晚	-2.790	<0.005	
钻级	4 钻	-0.299	0.262	基准组：无钻级
	5 钻	-1.364	<0.005	
L 签	提供	-0.555	<0.1	基准组：不提供
是否固定酒店系列	是	-0.690	<0.1	基准组：否
（对数）评分		0.614	0.147	

在控制其他因素不变时，可以得到以下结论。

（1）对产品类型来说，半自助游产品较跟团游产品销量平均提升105.7%，自由行产品较跟团游产品销量平均提升 381.6%。

（2）对产品等级来说，有钻级的产品较无钻级的销量有所降低，且钻级越高，销量降低越多。

（3）对酒店情况来说，提供固定酒店系列的产品较不提供的销量平均降低 69.0%，提供 1 晚入住迪士尼酒店的旅行产品销量较不提供的产品平均提升 39.0%，提供 2 晚入住的产品销量较不提供的平均降低 279.0%。

（4）对附加产品因素来说，提供团体签证的产品较不提供的销量平均降低 55.5%。

（5）对游客因素来说，旅行产品评分每提升 1%，旅行产品的销量平均提升 0.614%。

（二）模型预测

小王要推出一款新的港澳游旅行产品，他将产品类型设置为自由行。不固定酒店系列，但提供 1 晚在迪士尼酒店入住；不提供团体签证，不设置产品钻级；推荐前文中港澳排名靠前的景点；价格设置在 2000~3000 元。此时，预测的销量约为 2300 人次，超过了约 87% 的港澳游旅行产品。

综上可知，游客在选择旅行产品时，比较在意产品的类型、评分和出行、住宿体验等，这意味着若想要提升旅行产品的销量，也要着力改善产品的这些方面才能够吸引更多的用户。

整体点评：在线旅行产品销量的影响因素的案例是很多同学都喜欢尝试的一种案例类型，其中原因可能是数据容易获得或旅游更贴近生活。但是，想把这种类型的案例分析做得好实属不易。本案例的作者做到了三点值得肯定，一是抓住主要矛盾的选题背景，即选择了占据主要境外旅游市场份额的港澳游作为分析重点，由浅入深；二是结合业务知识去深刻理解旅行产品，即不只是"冷冰冰"解读所爬取的自变量数据，而是通过酒店、旅游景点与旅游线路等多维度，由点成面的理解旅行产品；三是简洁明了的模型解读，即尊重模型和数据给出的结果，不夸大也不误读。

5.3　案例三

B 站[①] 动漫番剧播放量影响因素分析

厦门大学　唐可

摘要：本案例以哔哩哔哩视频网站上的上千种动漫番剧为研究对象，通过引入动漫类型、开播时间、集数长短、简介关键词、声优、产区及版权等相关信息，建立对数线性回归模型来探究播放量的影响因素。在模型建立过程中，本案例首先筛选出对播放量有显著影响的两大类变量（内容信息和其他信息），然后以 AIC 准则对模型进行逐步回归，得到了较为理想的模型。最后通过分析观众喜闻乐见的动漫特征，对具有某些属性的动漫进行了播放量预测，可为相关产业发展提供一定参考。

一、背景介绍

无论是微信还是微博，又或是日常新闻里，"二次元"这个词出现频率越来越高。那么什么是"二次元"呢？是某个生物名词？还是数学术语？没那么高深！这不过是平面化动漫的泛称。自 20 世纪 90 年代末，日本动漫传入中国，动漫产业开始在中国兴起，喜爱动漫的人数逐年递增。出奇制胜的情节和精美的画风使得越来越多的中国年轻人成为"动漫迷"，这些喜爱动漫的观众则被称为"二次元用户"。

在中国，互动性强的弹幕视频网尤其受到"二次元用户"的喜爱，成为众多动漫迷看动漫的平台。目前，在众多弹幕视频网中，哔哩哔哩弹幕网（以下简称 B 站）活跃用户超过 1.5 亿个，每天视频播放量超过 1 亿次，弹幕总量超过 14 亿条，是中国最受欢迎的弹幕视频网之一。正是如此大的受众，B 站吸引了不少风投公司参与融资（如金山网络、IDG 等）。B

---

① B 站，即哔哩哔哩视频网的简称。

站的盈利很多，一部分来源于游戏联运，即和网游公司合作分成，推广符合"二次元用户"审美的二次元游戏。同时，B 站会通过购买动漫的独家版权来吸引观众在其平台上追番。如果观众喜欢这些购买了版权的动漫，可以通过支付一定金额的真实货币来承包动漫为该番增加人气，在一定程度上激励 B 站购买更多动漫的资源。这种动漫承包也是 B 站收入来源之一。除此之外，少数网页广告、线下周边等也能为 B 站带来一定的盈利，如图 5-17 所示。

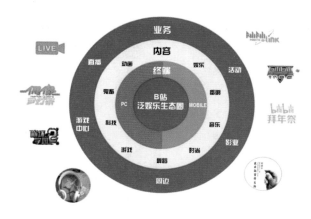

图 5-17　B 站业务结构（图片来源: 知乎《哔哩哔哩 bilibili 弹幕网如何盈利》）

在 B 站上，有上千种连载动漫，这些连载动漫也称为"番剧"。类似美剧，番剧以季为单位，通常在 1、4、7、10 月开始播出，分别对应冬、春、夏、秋季，每周播出一集，一季 12~13 集居多。在众多题材的番剧中，有的颇受追捧，有的却少有人知，那么番剧的播放量会受什么因素影响呢？本案例收集了大量动漫番剧的相关信息，以探索影响播放量的因素，可为 B 站有选择性的购买动漫版权提供参考建议，为国产动漫主创创作动漫提供一定的参考方向，且帮助"二次元用户"甄别好的动漫作品。

点评：背景分析比较深入，能看出对二次元作品比较熟悉和热爱。背景分析辅以适量配图，帮助读者更好地理解体会。对二次元动漫运营过程解释比较清楚，能够让读者了解该问题的重要性。希望对某些出现的名词进一步解释，如"二次元用户"。

二、数据采集说明

本案例采集了 B 站上截至 2017 年 8 月 9 日共 3205 条动漫数据。[①] 这里将动漫的累计播放量[②]作为因变量，将采集到的各类其他信息归类为内容信息和其他信息，如表 5-8 所示。

表 5-8　数据变量说明表

变量类型		变量名	详细说明	取值范围	备注
因变量	累计播放量	播放量	连续变量 单位：万次	0.1049~15 000	
自变量	内容信息	类型	定性变量	奇幻、日常、励志等41种	一部番剧可以有多个类型
		简介	文本信息		
	其他信息	声优	文本信息	松本梨香、牧口真幸等4197位	一部番剧的声优不止一个
		开播时间	时间变量	1928年11月至2017年8月	
		集数	连续变量 单位：话	1~6674	只取整数
		产区	定性变量	国产、日本、美国、其他国家和地区	
		版权	分类变量	有版权、无版权	只有有版权的番剧才可承包[③]

点评：变量表格清晰明确，有一定的备注说明帮助理解。

三、描述分析

（一）因变量

播放量存在明显的右偏分布，大多数番剧的播放量偏低，只有少数番

---

① 采集到的数据还包括追番人数、弹幕总数、承包人数，因与播放量之间存在高度线性关系而不加入回归模型。

② 忽略时间累积对播放量的影响。

③ 版权变量由采集到的"承包人数"数据转化，有承包人数信息的番剧即为有版权番剧。

剧的播放量极高。在对播放量进行对数处理后呈正态分布（图5-18）。

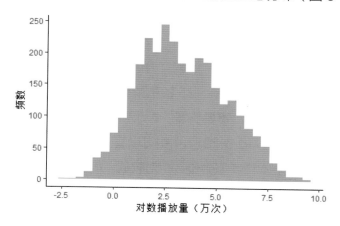

图 5-18 因变量对数分布直方图

在众多动漫中，播放量最高的动漫为日漫《齐木楠雄的灾难》和国产《狐妖小红娘》，它们的累计播放量都达到了1.5亿次。前者讲述在一名拥有超能力的高中生周围发生的一系列离奇的故事，后者讲述了以红娘为职业的狐妖在为前世恋人牵红线过程中发生的一系列有趣、神秘的事情。这两部动漫都改编自同名漫画，都因为其引人入胜的故事剧情和精良画面吸引了大量观众追番。

最低的动漫播放量仅为1049次，为中国港澳台地区版动漫《棺姬嘉依卡》。注意，其同名DVD版动漫（不限地区）的播放量为10.8万次，这说明动漫本身并非不受欢迎，而是地区播放限制降低了播放量总数，因而应剔除仅在港澳台地区播放的动漫样本集。剔除12个样本后，得到播放量最低的动漫为《WASIMO》（1705次）。这是一部改编自同名绘本的少儿动漫，主要讲述父亲制作了一个机器奶奶陪伴女儿的故事。这部动漫可能由于情节单一，目标观众为幼儿，因此播放量较低。

点评：因变量解释清晰，分析到位，点出了不同动漫播放量之间的巨大差异。希望对相关动漫作品能提供一些图文展示细节。

（二）自变量

1. 内容信息

由于每部动漫都可分为多种类型，为研究方便，本案例选取各番剧第一个类型作为其主要类型，共有 35 种主要类型。按照其属性将这些类型分别归类为"日常搞笑""青春纯爱""萌系治愈""热血励志""奇幻魔法""其他"六大类。从图 5-19（a）中可以看出，日常搞笑类和青春纯爱类中位数较高，其余 4 种类型中位数相对较低，彼此之间差别不大。

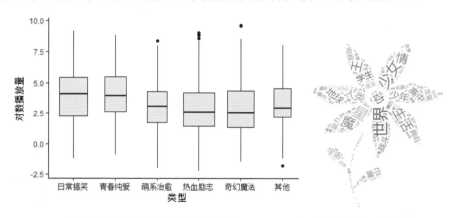

（a）番剧类型与播放量关系箱线图　　　　（b）简介关键词文本抓取词云图

图 5-19　内容信息展示图

通常而言，动漫简介是决定观众是否点进页面进行观看的一个重要因素，简介包含动漫的主题和背景，吸引眼球的简介常常会带来更多的播放量。本案例对番剧简介进行了关键词抓取，从图 5-19（b）中可以看出，"少女""少年""学生""高中"这类词出现频数较高，表明很多动漫主人公都是仍在上学的少年少女。而"神""魔""魔法"这类词的高频出现说明存在不少虚拟的魔幻动漫。为了探究这些关键词对于番剧播放量的影响，在回归分析中加入出现频率最高的 10 个关键词，如图 5-20 所示。

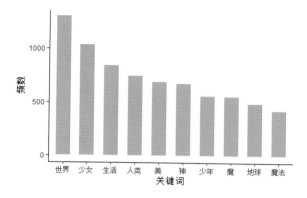

图 5-20　频数排名前 10 简介关键词柱状示意图

2. 其他信息

在 B 站上，播出时间最早的番剧为 1928 年 11 月播放的美国动漫《米老鼠的黑白动画片生涯》。从图 5-21（a）中可以看到，动漫年平均播放量在 2010 年前处于较低水平，而在 2010 年后以指数形式剧增，这表明随着制作技术的不断成熟，动漫质量得到不断改善，现阶段动漫产业发展状态良好。因此，在后续回归中，以 2010 年为界，将年份变量分为"2010年前""2010 年后"两类。另外，以所有样本集数的 1/3、2/3 分位数为界，可以大致将集数划分为 3 个类别，如图 5-21（b）所示。其中 5~25 集的动漫最受"二次元用户"欢迎，集数在此之外的动漫播放量较低，说明对大多观众来说，"太短"的动漫不过瘾，"太长"的动漫又太冗长，只有集数适中的动漫才最适合用来消遣。

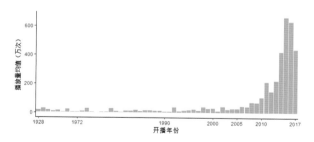

（a）开播年份与播放量关系柱状图

图 5-21　开播年份及动漫集数对播放量的影响关系图

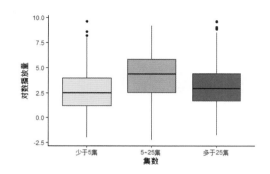

（b）动漫集数与播放量关系箱线图

图 5-21　开播年份及动漫集数对播放量的影响关系图（续）

在图 5-22（a）中，箱线图的"胖瘦"代表样本量大小，可以看到国产动漫中位数最高。而日本动漫由于基数较大，播放量水平分布最广且参差不齐，其中位数低于国产和美产。美国和其他地区的动漫数相比日本和国产则显得"小巫见大巫"了。从图 5-22（b）中可以看到，B 站上无版权的动漫占大多数，且无版权的动漫的播放量中位数低于有版权的动漫，这说明在一定程度上，拥有独家版权的番剧由于质量因素或获取渠道因素，会更受观众欢迎。

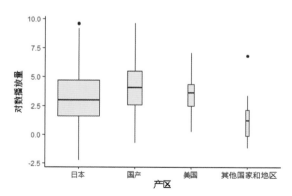

（a）动漫产区与播放量关系箱线图

图 5-22　动慢产区及版权对播放量的影响关系图

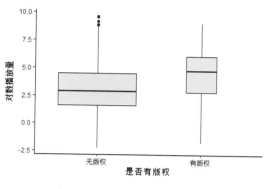

（b）版权与播放量的关系箱线图

图 5-22　动慢产区及版权对播放量的影响关系图（续）

　　本案例还对参与动漫配音的声优进行了文本清洗，发现大多数动漫拥有相同的配音阵容。其中参与配音最多的声优为堀江由衣（图 5-23），很早就开始混迹动漫圈的观众听到她的声音肯定不会感到陌生。今年 41 岁的堀江由衣在 1997 年出道成为声优，至今配音作品达 101 部，代表作有《水果篮子》《龙与虎》。在后续回归分析中，取参与配音次数最多的 5 名声优作为自变量加入回归，以探索声优对于番剧播放的影响。

图 5-23　声优文本抓取词云图

点评：描述分析相对简短，但重点突出，拿捏到位。这里体现了动漫中常见的几个因素，有较强的背景。作者在分析时除了解读数字外，也辅助了背景情况的说明和解释，让读者从中了解到动漫产业的很多背景知识。

四、回归分析

（一）建立对数线性回归模型

本案例建立对数回归模型，剔除了少数异常值，以 AIC 准则进行变量选择后，得到表 5-9。其中，对模型整体进行检验的 p 值小于 0.001，说明模型整体显著。模型 R^2 值为 0.4661，解释度尚可接受。以版权变量为例，在控制其他变量不变时，B 站上有版权的动漫比没有版权的动漫平均播放量高 71.93%。其他变量的解读类似，在此不再赘述。

表 5-9　对数线性回归模型

变量		回归系数	P值	备注	变量		回归系数	P值	备注
截距项		3.0142	<0.001 ***		开播季	春	0.1509	0.0068 **	基准组：冬
类型	青春纯爱	-0.3439	<0.001 ***	基准组：日常搞笑		夏	-0.0885	0.1113	
	萌系治愈	0.1093	0.1685			秋	0.0897	0.1175	
	热血励志	0.5718	<0.001 ***		声优	堀江由衣	0.3443	0.0379 *	
	奇幻魔法	-0.0061	0.9326			神谷浩史	0.6811	<0.001 ***	
	其他	0.1736	0.0141 *			能登麻美子	0.3057	0.0698 .	
集数	5~25集	0.7443	<0.001 ***	基准组：少于5集		石田彰	0.5075	0.0028 **	
	多于25集	-0.6363	<0.001 ***			福山润	0.6277	0.0201 *	
产区	国产	-1.1628	<0.001 ***	基准组：日本	简介关键词	世界	0.2564	<0.001 ***	
	美国	-1.6284	<0.001 ***			少女	0.2609	<0.001 ***	
	其他国家和地区	-0.3274	0.0727 .			美	-0.1137	0.1046	
开播年份	2010年后	1.4141	<0.001 ***	基准组：2010年前		地球	-0.4680	<0.001 ***	
版权	有版权	0.7193	<0.001 ***	基准组：无版权	F检验	p值	<0.001 ***	R^2	0.4661

注：*** : 0.001 显著; ** : 0.01 显著; * : 0.05 显著; . : 0.1 显著。

点评：回归表格信息明确，但稍有拥挤，建议调整行间距及小数保留的位数。

（二）模型解读

在控制其他因素不变的情况下来解读模型。

1. 内容信息

从动漫内容上来看，回归得到了不同于箱线图的结果，即"热血励志"类动漫最受欢迎，"其他""萌系治愈""日常搞笑"和"奇幻魔法"类紧随其后，"青春纯爱"类动漫平均受欢迎程度最低。其中，"青春纯爱"受大多数女性观众喜爱，而"热血励志"类动漫的观众大多为男性。据腾讯报告，在哔哩哔哩视频网的用户性别组成中，52% 为男性，48% 为女性。因此，一方面可小幅度促使"热血励志"类动漫播放量增加；另一方面，这是否揭示了众多观众希望通过观看"热血励志"类动漫为生活带来正向激励呢？"动漫源于生活却高于生活"，动漫主创将自己的美好愿望寄托于作品，"点燃"了众多"二次元用户"的心，给予他们力量去面对生活中的种种压力，或许这正是许多"二次元用户"热衷于动漫的原因，也是许多动漫受欢迎的缘由。反之，"青春纯爱"类动漫或许可以用来消遣、激起不少女性观众的粉色少女心，但其确实没有多大实际意义。

另外，从简介关键词来看，"世界""少女"都能为动漫播放量带来"正效应"，而"地球"却带来了"负效应"。很难说这 3 个词和回归中的 6 种动漫类型有什么必然联系，但从词性扩展上来解读，"世界"可以扩展为"改变世界""更好的世界"……这样，似乎简介中含"世界"的动漫同"热血励志"类动漫一样，传达一种让生活变得更好的信息。而简介中含"少女"的动漫一般是以少女为主人公，这类动漫可吸引众多"宅男"的喜爱，故而增加播放量。再看带来"负效应"的词，"地球"和"世界"很像，都是描述宏观存在的词，但比起"世界"来说，"地球"更具体、不抽象。通过观察样本数据发现，简介中含有"地球"的拓展词一般为"袭击地球""拯救地球"这类常常出现在诸如抗击外来侵犯等战乱故事中的词，这类故事可能对于大多数观众来说已经有些俗套了，故而不受"二次元用户"的喜爱。

2. 其他信息

从集数来看,集数适中(5~25集)的动漫播放量较高。在各动漫来源地区中,受样本量的影响,回归得到与图5-22(a)箱线图分析不同的结果,即动漫平均受欢迎程度最高的为日本,其次为其他地区和中国(不含港澳台地区),美国动漫平均受欢迎程度最低。这里注意,其他地区的动漫播放量较为理想,这是因为虽然B站引入的其他地区的动漫较少,但大多为比较受欢迎的作品,如受小朋友喜爱的英国动漫《消防员山姆》和拥有漫画忠实粉丝基础的韩国动漫《心灵的声音》。从开播时间来看,2010年后的动漫播放量整体水平较高,这是动漫制作水平的提高与"二次元用户"的增多相互促进的结果。从开播季来看,播放量平均水平最高的为春季番,其次为秋季番,夏季番和冬季番与之相比稍显逊色。春季番从4月初开始播出一直持续到6月底,秋季番则是从10月初到12月底,这些月份大多都在学期内,为何播放量反而较高呢?这是因为对于B站占比最大的观众(17岁以下的群体,图5-24)来说,寒暑多样化的娱乐方式(旅行、过节等)分散了看动漫的心思,而在学期内,有规律更新的动漫可能成了繁忙的学业中唯一的消遣方式。

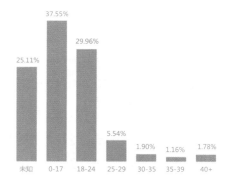

数据来源:腾讯

图5-24 B站用户年龄分布柱状图

从声优带来的效应来看,5名配音最多的声优都能为其参与的作品带来"正效应"，其中"正效应"最大的为神谷浩史，其参与的动漫比其他动漫播放量平均高 68.11%。说起神谷浩史，部分读者可能会陌生，但说起《夏目友人帐》《海贼王》，"二次元用户"一定会很熟悉，这些动漫主角的原声都是来自神谷浩史先生。

（三）模型诊断

图 5-25 为模型诊断结果图，图 5-25（a）和图 5-25（c）的残差图显示残差不存在明显的异方差性；图 5-25（b）QQ 图拟合良好，说明残差服从正态分布；剔除异常值后，图 5-25（d）库克距离表现正常。因此，用该对数线性回归模型解释播放量与各影响因素的关系是合理的。

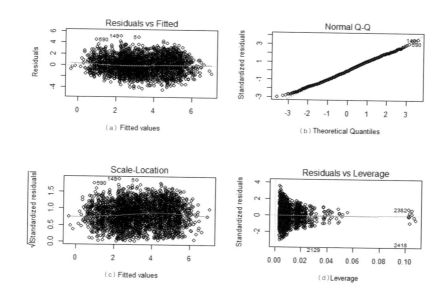

图 5-25　模型诊断结果图

五、建议与结论

至此，本案例得到了播放量和其影响因素的关系模型，那么可以为相关产业提供什么建议呢?

（一）B站版权购买

一般而言，B站购买的大部分番剧版权都来源于日本，那么就需要考虑参与的声优阵容，选择能带来"正效应"的声优有助于提高番剧播放量。除了声优外，选择播放量平均水平较高的动漫类型，如热血励志或萌系治愈类、5~25集动漫、以"世界""少女"为主题的传达正能量的动漫。另外，因为春季番播放量平均较高，所以在每年4月前，B站应注意筛选4月应引入的动漫，并且适当提高引入量以"锦上添花"。

那么，预计在2018年4月引入一部5~25集的日产动漫，类型为热血励志类，配音阵容为神谷浩史、福山润、石田彰，讲述关于"世界""少女"的故事，可得到预计播放量为1889.434万次。

（二）国内动漫主创

在选择动漫题材时，可以不考虑青春纯爱类，而是考虑热血励志类、5~25集长的动漫，最好在4月初播出，主题可以为以"世界""少女"展开的积极向上的故事，简介中避免涵盖"地球"等之类暗示战乱纷争的词。

例如，制作一部5~25集的热血励志类动漫，需留足够的时间做准备，计划在2019年春季播出，并且要拥有版权。故事讲述一名普通高中少女发现自己有一天突然拥有了超能力，同时周围的世界却开始发生改变，如何让生活恢复正常？她是否孤军奋战？……利用上面得到的回归模型，可以得到预计播放量为694.5445万次。

正如莎士比亚所言，"一千个读者有一千个哈姆雷特"，每个观众都是独立的个体，喜欢的动漫类型可能会不同，有的观众或许只喜欢老动漫或集数很长的动漫，因而，本文中的线性回归模型只能作为一个参考尽量解释大多数观众的偏好。另外，影响动漫番剧播放量的因素有很多，除本案例中提及的因素外，还可以考虑番剧是否由漫画或游戏改编、导演的知名程度及各种因素的交互影响等。在本案例中，只加入了5名声优作为影响因素，如要深入探究声优带来的效应，可进一步加入更多声优进入回归。归根到底，对于动漫番剧来说，最重要的应当还是创作质量和传达的精神意义。真正的好动漫不是靠噱头和明星配音撑起的，而是制作精良、情节充实的作品，观众希望在作品中得到共鸣，希望作品可以构造他们心中的理想世界。另外，以《狐妖小红娘》为代表的国产动漫正以昂扬向上的势头向前发展。

看到最后，你是否和我一样认为"二次元世界"值得探索呢？

整体点评：此案例着眼于动漫市场，对动漫作品的播放量进行了深入分析。其中描述分析和回归分析的结果解读都带有很强的背景知识，可以看出作者对二次元作品的热爱。在分析相关作品播放量的问题中，作者思路值得借鉴，同时作者对于业务问题的认知和解读的态度也值得学习。

5.4 案例四

BP 套路知多少？——英雄联盟职业联赛阵容数据分析

中山大学 李烨薇

摘要：英雄联盟是目前全球最火热的游戏之一，其职业联赛备受瞩目。每场比赛前的 BP（Ban-Pick）环节对于比赛的胜负有重要影响。本文通过分析 2017 年英雄联盟中国赛区（LPL）夏季赛比赛的阵容数据，结合英雄在攻击、法术、防御、机动和团战 5 个指标的数据，提取团队整体阵容在 5 个维度的平均得分，以此建立决策树模型，探索 BP 环节的规则，从而为中国战队提供制定 BP 策略和战术的建议。

一、背景介绍

2017 年 11 月，国际奥委会官方宣布将开始着手把电竞纳入奥运比赛项目，最早可能在 2024 年的巴黎奥运会就可以见证电子竞技比赛的登场。根据研究公司 Newzoo 的统计，2017 年电竞比赛的全球观众达到 3.855 亿人。以火爆的英雄联盟系列赛事为例，英雄联盟全球总决赛网络观赛人数已经连续三年超越 NBA。并且英雄联盟通过"大电竞"战略，构成了高密度、多类型的电竞赛事体系，覆盖国家和地区较广。目前英雄联盟设有中国、韩国等五大赛区，以及拉丁美洲、东南亚等国际外卡赛区。各赛区均有春季赛、夏季赛等职业联赛，且还有全球总决赛、季中邀请赛等国际赛事。电竞赛事的奖金也一年比一年丰厚，2017 年 S7 全球总决赛的奖金池超过 3040 万元，冠军队伍可得 1100 万元。

中国的电竞市场规模目前也已超过 500 亿人，电竞行业发展十分迅速。自 2014 年腾讯公司引进英雄联盟以来，英雄联盟至今仍是国内最火热的游戏之一。2017 年英雄联盟全球总决赛更是首次来到中国，分别在北京、上海、广州、武汉 4 座城市举办。中国也是时隔 3 年重返世界赛四强，掀起了国内观众的热浪，但最终却憾未夺冠，无缘鸟巢会师。

简单来说，英雄联盟是一个"推塔"大战，先把对方水晶推掉的一方获胜，过程中涉及团战、地图资源抢夺等。图 5-26 所示的是比赛使用的召唤师峡谷的地图，其基本布局是 3 条主干道贯穿战场两端，一条河道横陈中央，中间遍布着各种地图资源。因此，这是一个职责分明的游戏，5 位选手有固定的位置和路线：上单、打野、中单、ADC（Attack Damage Carry，物理伤害输出类型英雄）及辅助，5 个位置的英雄各有特点又可以相互配合。巧妙的是，每一场比赛前均设置有 BP 环节，双方经过两轮轮流扳选，各禁用和选择 5 个英雄，试图破坏对方阵容体系，并拿到最适合自己的阵容体系。在 BP 环节中，蓝方有优先选择权，可以"先发制人"，红方后手容易选择对位克制的英雄。在职业联赛中，双方通常是交替选边或是掷硬币决定。BP 环节是双方选手和教练的一场"套路"大战，考验团队的分析对抗能力，其一扳一选中都暗藏汹涌，成功的 BP 是最终取胜的法宝。

在 BP 环节中，除了考量各位置的英雄特性之外，大家还会关注队伍整体的阵容风格。如在最后一选时，根据前面已选的英雄，应该补充防御类型的英雄或者是攻击类型的英雄才能使得团队阵容整体更为均衡呢？又或者是在禁用时，应该禁用什么样的英雄胜率更高呢？本文通过分析2017 年英雄联盟中国赛区（LPL）夏季赛的阵容数据，结合英雄数据，提取团队整体阵容的不同指标，探索 BP 环节的规则，从而为中国战队提供制定 BP 策略和战术建议，真正做到"知己知彼，百战不殆"，助力中国队 2018 年 S8 夺冠！

点评：该案例的主题是游戏，这一类的案例背景比较难写。如果写得过于专业，会令不玩游戏的读者不知所云，失去阅读兴趣；如果写得过于简单，会令游戏玩家觉得无趣，不屑阅读。这个案例背景完成得中规中矩，首先介绍了英雄联盟的赛事状况，然后介绍了这个游戏的主要内容及要研究的问题。如果能再直观介绍游戏内容，如使用一些配图介绍英雄，会增加阅读的趣味性。

二、数据说明

本文的数据分为英雄数据及比赛数据，其中英雄数据来自新浪游戏，提取了 126 个英雄攻击、法术、防御、机动和团战 5 个指标的打分。比赛数据来自玩家赛事，提取了中国赛区（LPL）夏季赛 216 场比赛的记录。胜负情况是本文的探究重点，故作为因变量。自变量分为赛事信息和阵容信息两类，赛事信息包含比赛时长、是否红色方等。阵容信息则记录了比赛双方 5 个位置使用的英雄。具体变量说明如表 5-10 所示。

表 5-10　比赛数据

变量类型		变量名称	详细说明	取值范围	备注
因变量		是否获胜	定性变量 （2水平）	0 代表落败 1 代表获胜	
自变量	赛事信息	赛事名称	文本类型	2017 LPL 夏季赛	
		比赛时长	时间（分秒）	22:24 ~ 67:39	
		战队名称	文本类型	EDG、RNG、WE等	共12支战队
		对手名称	文本类型	IG、SNG、OMG等	共12支战队
		是否红色方	定性变量 （2水平）	0 代表蓝色方 1 代表红色方	
	阵容信息	上单英雄	文本类型	暮光之眼、狂战士等	共32个不同英雄
		中单英雄	文本类型	德玛西亚皇子、酒桶等	共24个不同英雄
		打野英雄	文本类型	暗黑元首、九尾妖狐等	共38个不同英雄
		ADC英雄	文本类型	麦林炮手、惩戒之箭等	共19个不同英雄
		辅助英雄	文本类型	仙灵女巫、风暴之怒等	共30个不同英雄
		禁用英雄	文本类型	复仇之矛、逆羽、霞等	每队各禁用5个

因为后续分析希望对比各队伍整体阵容在攻击、法术、防御、机动和团战 5 个维度的异同，所以将英雄数据和比赛数据按下述过程整合。

（1）将比赛数据中选择和禁用的英雄对应到英雄数据，获取各英雄在 5 个指标中的打分。

（2）对某队伍一盘比赛中选择和禁用的英雄的指标打分取平均值，得到团队各指标的整体打分。

（3）与对手所选择的阵容的整体指标相减，则可以得到双方选择、禁用阵容各指标的差距。

举例而言，在某一场比赛中，双方选择的阵容如表 5-11（a）所示，可从英雄数据中获取各英雄的指标，并在各维度取全队的均值，计算双方各指标的差值，从而转换为表 5-11（b）所示数据。

表 5-11　示例数据

（a）示例阵容

	上单	打野	中单	ADC	辅助
蓝方	兰博	猪妹	杰斯	女警	风女
红方	加里奥	皇子	瑞兹	老鼠	璐璐

（b）示例数据转换

	攻击	法术	防御	团战	机动
蓝方	5.4	5.2	4.8	6.6	5.4
红方	4.4	5.8	5.4	8.4	6.0
差距	1.0	0.4	0.6	1.8	0.6

根据双方阵容的雷达图（图5-26），可以看到，蓝方的阵容突出在攻击一点，是典型的节奏较快的"速推"阵容，在前期通过攻速较快的ADC扩大推线优势从而攻破防御塔。而红方则是团战、防御等较全面的阵容，通过快速支援打团战获胜。

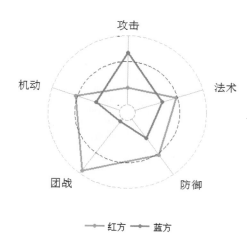

图 5-26　示例阵容雷达图

点评：这个案例的数据非常复杂，又涉及游戏背景，很不容易写清楚。这部分作者完成得比较好，仔细阅读下来，基本能够理解数据的内容。

三、描述性分析

（一）获胜与落败阵容对比

英雄联盟职业赛事的各个赛区有不同的特点，中国赛区盛产ADC，并且2018年下半年后期的版本也是下路较为强势的版本。复仇之矛、深渊巨口等AD英雄的禁用率较高。

从图 5-27 的雷达图来看，获胜时队伍选择阵容的指标整体更为均衡，灵活性、防御能力、法术伤害都较高；而落败时多选择攻击高的英雄，但缺少位移，防御能力也不够。而获胜时禁用阵容的指标主要针对攻击一点，限制对方的持续输出能力；落败时则禁用的更全面，特别不希望对方支援和打团战。

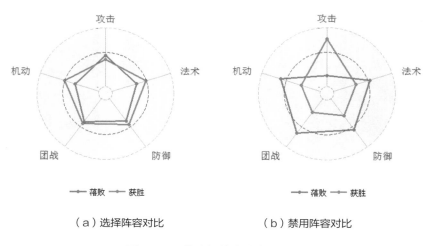

（a）选择阵容对比　　　　　（b）禁用阵容对比

图 5-27　获胜与落败阵容雷达图

（二）红蓝方

红蓝方在一场比赛中获胜概率是否真的相同一直存在争议。除了 BP 的优先权外，红蓝方面对龙坑位置不同、刷野惯用顺序不同等都有影响。从图 5-28 可以看到，蓝方获胜的比例较高，并且落败的一方也多为红方。这从侧面反映出蓝方的 BP 主动权对于比赛的结果可能有较大的影响。

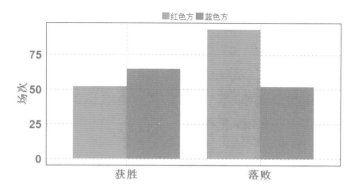

图 5-28　红蓝方胜负场次柱状图

　　如图 5-29 所示的雷达图显示红蓝方获胜时选择和禁用的阵容有较大的差距。红方获胜时的阵容整体为攻击力高、防御偏低的爆发型整容，输出英雄较多；蓝方获胜时多为支援、坦克型阵容，有团战能力且保命能力强。红方获胜时禁用防御、团战及支援型阵容，并限制对方的团战能力；蓝方获胜时则禁用攻击、法术强的英雄，并可先抢防御、机动强的英雄。

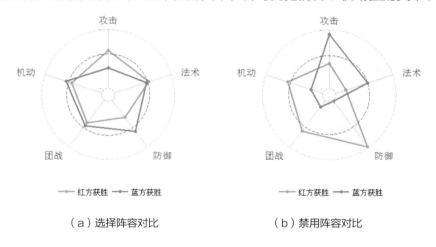

（a）选择阵容对比　　　　　　　（b）禁用阵容对比

图 5-29　红蓝方获胜阵容雷达图

（三）各战队对比

　　中国赛区（LPL）目前共有 12 支战队，2018 年代表中国赛区参加全球总决赛的一、二、三号种子分别是 EDG、RNG 和 WE。其中 RNG 都是全华班，EDG 和 WE 都引入了韩援，各队风格、打法均不同。

从图 5-30 可以看出，大多数战队胜场是蓝方多于红方，如 WE、OMG 等；EDG 的胜场红蓝双方基本持平；RNG 较为特别，其胜场中红方多于蓝方，因此在后续的 S7 的比赛中，RNG 也多次自选红方，说明RNG 对于红方的 BP 有较大把握。

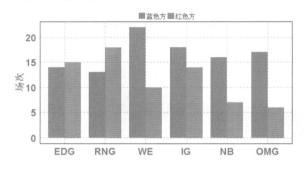

图 5-30　各战队红蓝方胜场柱状图

仔细对比各战队选择的阵容可以发现，EDG 偏向于与对手选择类似的阵容，各指标与对手相差不大；RNG 则偏向于选择法术、防御更高的阵容；WE 偏向于选择团战和支援更强的阵容。其他队伍同样有不同的风格，如 IG 经常牺牲机动性以换取更高的物理输出，这与其中单选手较强的个人能力和激进的打法有关；NB 则喜欢选择较全面且更偏向于攻击强的阵容；OMG 选择的阵容指标很全面，且偏向于法术和团战强的阵容，如图5-31 所示。

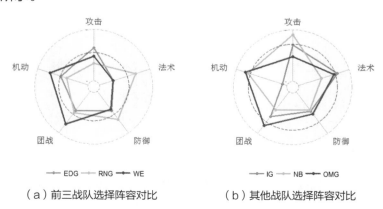

（a）前三战队选择阵容对比　　　　（b）其他战队选择阵容对比

图 5-31　各战队选择阵容对比

（四）三大强队胜负阵容对比

综合图 5-32 所示的三大强队选择和禁用的阵容雷达图来看，EDG 获胜多为中路法术比对方高的阵容，中路是团队的核心，且应禁用攻击高的英雄；落败的阵容多为机动、团战特别强的阵容，说明 EDG 确实是不"怂"的时候胜率较高。RNG 秉承其打野选手"入侵入侵再入侵"的打法，其侵略性从其获胜阵容的机动性比对手高可以体现，不适合选择团战型英雄和法师；禁用时除了防御外还应考虑攻击性。WE 确实是一支"团战美如画"的队伍，常靠打完美团战取胜，更适合拿有位移、支援性好的英雄，且禁用法术强的英雄比禁用攻击强的胜算高。

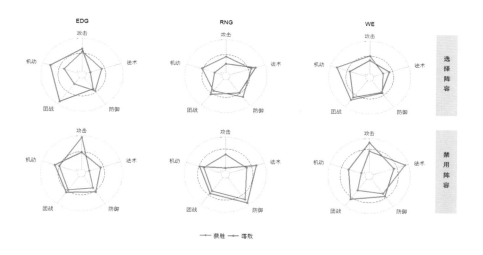

图 5-32　三大强队选择和禁用阵容雷达图

点评：这个案例的描述性分析，也是一个难点。数据复杂且专业性强，如果全面地进行描述，会导致篇幅非常冗长，非游戏玩家也不易读懂。作者非常聪明地选择了"雷达图"进行展示，可读性很高。

四、建立模型

（一）决策树模型

本文选取 LPL 夏季赛决赛（EDG vs. RNG）的 5 场比赛作为测试集，剩余 257 场比赛作为训练集建立决策树模型。结果如图 5-33 所示。

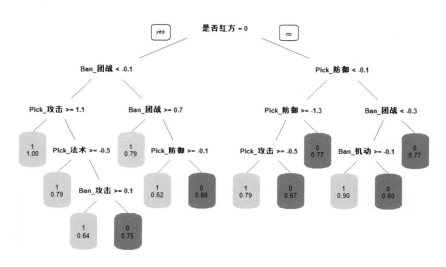

图 5-33　决策树结果

目前 10Ban 系统通过红蓝双方交替扳选英雄完成，一共有两轮 BP。红方一般固定禁用一个版本特别强势的英雄（如扎克、复仇之矛），因此比蓝方少一个禁用位置。蓝方可以先手选择剩余版本较为强势的英雄，红方则可以后手选择对位强势的英雄。并且，由于红蓝方面对龙坑的位置不同，蓝方打大龙有优势，红方打小龙有优势。若比赛拖入 20 分钟大龙刷新后，蓝方可以打大龙、逼大龙团等。而红方则可以在前期多打小龙拿到各种加成，扩大对线的优势。因此蓝方选择防御、团战型的阵容有利于后期的团战，而红方选择攻击性强的阵容有利于扩大前期优势。

图 5-33 的决策树规则也有相同的趋势。根据决策树结果，蓝方应在第一轮优先禁用英雄的团战能力，在第二轮禁用时可以禁用攻击强势的英雄，限制对方的持续输出。而在禁用的团战指标落后时，应选择攻击、法术强的阵容；若在禁用的团战能力领先不明显时，应加强自己的防御能力，让阵容有前排抗伤害的能力。这均是为了保证蓝方阵容在团战时有一定的压倒性。

红方应优先考虑选择英雄的防御能力，当禁用的防御落后较多时，可用攻击能力及时弥补；否则应禁用对方团战、机动能力较强的英雄，限制对方团战能力。因此，红方的第一选和最后一选可以给实力较强的位置选择对位强势的英雄，同时选择与其有较好配合的防御型英雄。在第二轮禁用时可以禁用支援型英雄限制对方抱团，这样红方可以通过对线优势扩大团队的经济优势。

图 5-34 所示的决策树模型的 AUC 超过 0.8，训练集上的准确度达到 78%，说明模型效果良好。但由于单棵决策树的预测效果较不稳定，容易受到样本波动的影响，因此考虑用多棵树投票的随机森林模型进行改进。

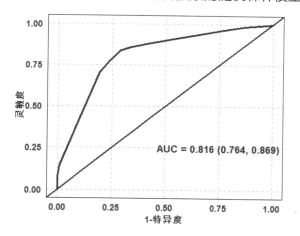

图 5-34 决策树模型 ROC 曲线

（二）随机森林模型

建立随机森林模型并用夏季赛决赛的 5 场比赛作为验证，随机森林模型只预测错了一场比赛（第二场），正确率为 80%。仔细考虑第二场比赛，EDG 的阵容是兰博、皇子、蛇女、霞和宝石，这个阵容的法术伤害很高，按理来说是非常适合 EDG 的阵容，但由于在比赛前期，RNG 的两次 GANK（偷袭）让 EDG 中路连续两次阵亡，最终中路蛇女只打出了全队 16% 的输出，阵容所期望的中路核心并没有达到预期，因此输掉了比赛。并且由观察发现，随机森林预测的 5 场比赛的胜率分别为 45%、68%、69%、53% 和 68%，均未超过 70%。说明阵容并不能完全决定比赛胜负，选手的发挥也很重要。

点评：在建模部分，能够撰写的"点"很多，如模型估计结果的汇报、不同模型预测精度的比较等。这个案例选择的切入点是决策树结果的解读，在这方面花了大量的篇幅。这是可行的思路，也是不错的选择。如果能在第四部分的开篇，用一个自然段的篇幅陈述一下建模部分的重点和思路，会更加清晰。

五、总结

对于英雄联盟职业联赛，首先，红蓝方的 BP 思路是不同的。由于双方的 BP 顺序、地图位置均不同，根据分析结果，蓝方应发挥团战优势，禁用对方团战型英雄；红方除了考虑强势的对位英雄外，团队的防御不应落后太多。其次，各战队风格各异，选手风格差异较大，选择的偏好及获胜的阵容均有差异，BP 时应根据战队和队员的风格有所调整。最后，选手的发挥很重要。禁用和选择的阵容差距只能在一定程度上影响比赛的胜负，选手拿到阵容后能否发挥出阵容的优势、打出风格更为关键。

此外，本文是针对 2017 年中国赛区（LPL）的夏季赛数据进行分析的，此分析方法和模型可以拓展到其他赛区战队和比赛的分析，同时也可以应用在 2018 年新赛季的职业联赛中，为战队制定更合理的 BP 策略提供参考。

整体点评：总的来说，这个案例的难度不小，主要难在案例的背景。阅读下来，这个案例的完成度较好，只是每个部分分配的比重略有失调。如果能在模型建立的部分，再深入一些，或找到更有趣的思路，相信这个案例会更加吸引人！

5.5 案例五

探究决定职业网球运动员战绩的竞技能力

北京大学　马小涵

一、背景介绍

（一）网球运动的发展与现状

网球作为一项优美而激烈的体育运动，现已在全世界盛行，被称为世界第二大球类运动。该运动发明的初衷可以说是为了游戏和娱乐，但随着网球运动的发展，竞技性和健身性成为推动其前进的两大车轮。在 1896 年举办的第一届现代奥运会上，作为八大参赛运动项目之一的网球是唯一被列入正式比赛的球类项目。

目前世界知名赛事累计起来全年有 300 多个，这些赛事分布在五大洲，几乎平均每天都有，网球运动已成为全球最受瞩目的比赛项目之一。四大满贯比赛每年吸引近 200 万名现场观众，170 多个国家转播比赛，收看总人数达 150 亿人次之多，为举办国带来的经济收入达 150 亿美元。网球运动备受瞩目的同时，越来越多的人参与其中，如第二次世界大战后，美国的网球人口达到 4000 万，平均 6 个美国人中就有 1 个人打网球；法国网球人口达到 700 多万，每 8 人中就有 1 人打网球；日本网球人口也达到 800 万，12 人中就有 1 人打网球；澳大利亚、墨西哥等国几乎是全民在打网球。

网球之所以有如此影响，一方面得益于其强大的健身功能及社交、娱乐性，另一方面也得益于网球赛事全球化、商业化的成功运作。在国外，网球运动的商业化价值已被充分开发和利用。在竞技网球方面，各项比赛分别设立了丰厚的奖金，吸引着许多高水平运动员的参与。而且门票、网球产品也得到了合理开发和利用，广告与电视转播等收入也为网球运动的发展注入了无限生机和活力。业余网球方面，一方面，许多国家政府给予福利投资，另一方面，球友会、俱乐部之间也开展对抗赛及业余晋级赛等系统性的比赛项目。普通球友也可以参与其中，既可以锻炼身体，也能感受网球运动所形成的体育文化，从而充分享受网球带来的快乐。

近几年网球运动在我国也得到了较快的发展，上海于 2002 年成功举办级别相当高的网球大师杯赛，一年一度的中国网球公开赛也于 2002 年开始在中国举行，并于 2009 年全面升级，其中女子赛事成为 WTA 仅有的四站皇冠明珠赛之一，男子赛事成为 ATP500 赛。从一无所有到举办高水平赛事，网球运动在中国可以说是蓬勃发展。

随着李娜 2011 年法网、2014 年澳网两次夺得大满贯女子单打冠军，越来越多的人开始观看网球比赛，了解网球选手。人们在欣赏精彩比赛的同时，也越发关心进行网球运动时需要具备哪些竞技能力？这些竞技能力又需要达到什么水平？

点评：网球背景介绍部分内容充实、逻辑清晰，有两个优点可以学习。首先，在阐述网球这项运动的影响力时，从参与人数和商业价值两个角度加以说明，内容更加丰富全面。其次，特别介绍了网球在中国的发展现状，使读者更有亲切感，并以李娜为例将视角转移到网球运动员身上，引出研究问题，即运动员的哪些竞技能力会影响他们的战绩。

（二）网球运动中的竞技能力

网球运动与我们熟知的篮球、足球、排球这种"每球必争"的球类运动有所不同。网球运动中有"发球局"和"接发球局"之分，运动员每胜一球得 1 分，先胜 4 分者胜一局，每局结束后交换发球。一方先胜 6 局为胜一盘。因此，处于发球局的运动员往往掌握主动权，而保住发球局也是赢取胜利的关键和基础。在此基础之上，再破掉对方的发球局才可最终大获全胜。

一次发球局共有两次发球机会，即"一发"和"二发"。通常一发时，运动员会更多地追求速度和力量，尽可能发出"快而狠"的球，同时配合发球角度和落点的选取，还可以发出让对手没有触球便直接得分的 Ace 球。而在二发时，运动员往往会承受一定的心理压力。毕竟在已经失误一次的情况下，内心难免会有一定的波动，如果再次失误将造成对手直接得分。面对这样的压力，很多运动员往往会牺牲速度和力量，采取更保险的发球方式，这也造成运动员的二发得分率明显低于一发得分率。

而遇双方各得 5 局时，一方必须净胜两局才算胜一盘，即在 6-5 的情况下还要继续进行下一盘的角逐，如果继续获胜则该运动员以 7-5 拿下一盘，反之则比赛继续进行。在非决胜盘中，当出现 6-6 平局时，第 7 局采取"平局决胜"方法，俗称"抢七"。采用一球一分制计分，先得 7 分者胜出。抢七往往是比赛的关键，因为双方都没有发球优势，因此一次失误可能再无弥补的机会。同样，一次破发可能直接锁定胜利局势，因此，抢七往往是球手们的必争之局。而决胜盘则通常采用"长盘"制——必须赢六局以上且赢对手两局以上，也就是说打上二十几回合也是有可能的，一场比赛打几个小时是家常便饭。因此，决胜盘往往是对技术、耐力、体能和心态的多重考验。可以说，网球是对运动员速度、耐力、反应、力量、技术等方面能力的综合考量，绝大部分网球运动员的职业战绩绝非靠其单一方面的竞技能力获得的。

以费德勒和纳达尔为例，两人作为现在世界排名前两名的选手，在打法和风格上一直被认为是两个极端。费德勒以华丽积极的球风、强力的发球及有"上帝之手"之称的正手而闻名；而纳达尔则偏重防御和底线进攻，以强有力的上旋球、快速移动的脚步和坚强的意志力而闻名。

但从如图 5-35 所示的两人各项指标综合值可以发现，两人在发球、接发、回球等方面的能力旗鼓相当，而且非常全面。

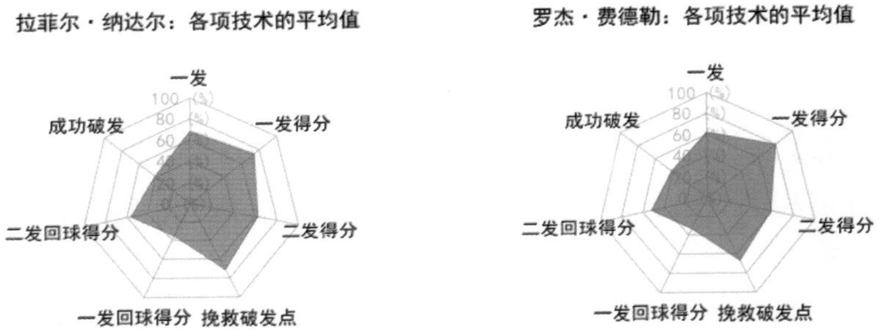

图 5-35　ATP 官网提供的纳达尔、费德勒在 2017 年各项数据的平均值

由此可见，网球运动员的战绩并不能由球风或技术直接左右。同样，力量条件、体力也不能完全左右其战绩。毕竟这二人早已年过三十，在体力、力量上逊于年轻后辈的情况下，还能在 2018 年年初的澳大利亚网球公开赛（简称澳网）中双双闯入决赛，经过短短半年时间，排名再度回归世界前列。

进一步对比两人澳网决赛时的数据（图 5-36）可以看出，在这场比赛中费德勒在一发得分率、一发回球得分率及破发成功率上都高于纳达尔，这可能是造成费德勒获胜的主要原因。此外，在决胜盘纳达尔率先破发情况下，费德勒完成关键回破，此后连破带保逆转胜出。可见面对压力时的心态因素也是竞技能力的一方面。

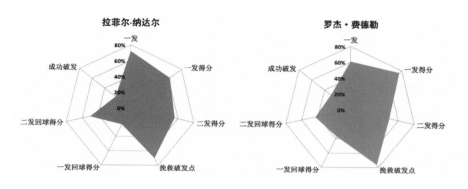

图 5-36　ATP 官网提供的纳达尔、费德勒在澳网决赛中的各项数据

　　上述对费德勒、纳达尔比赛数据的分析，让我们意识到，网球运动员的战绩作为实力的一个直观反应，应是多项竞技能力的综合影响结果。因此，可以通过对各项指标（如发球情况、回球情况、失误情况、压力承受情况等）的统计分析，确定其对运动员战绩的影响程度。

　　该研究将有助于指导网球运动员或业余爱好者开展更具有针对性的强化训练，以提高其个人实力。同时也可以通过对新入职球员在这些指标上的表现情况预测其排名的上升空间，评估该运动员的潜力。

　　此外，网球运动员之间的性别差异也是存在的。根据图 5-37 可知，男性网球运动员偏重发球，一发及二发得分率高；而女性网球运动员则偏重接发，一发回球得分率及破发率高。虽然"男子网球和女子网球就是两个运动"的说法过于夸张，但可以初步得出结论：男性与女性网球运动员对各项竞技能力的要求有一定差异，因此，性别因素也是研究中不容忽视的一项。

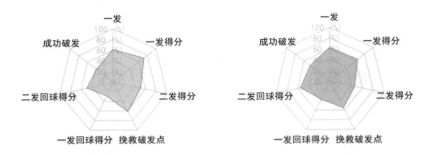

图 5-37　TOP 100 网球运动员在发球局及接发球局的平均技术表现情况（左:男;右:女）

　　点评：在案例分析之前补充网球比赛的必要知识，解释常用术语的含义，为读者理解运动员的各项竞技能力做铺垫。同时，以雷达图直观形象地对比纳达尔和费德勒的各项竞技能力，说明运动员的职业战绩是各项竞技能力的综合结果，从而引出使用统计分析方法确定各竞技能力影响程度的可能性。行文流畅，具有一定的专业性，体现了作者对网球运动的熟悉和热爱。

二、变量说明

　　为了解网球运动时需要具备哪些竞技能力，本文利用 ATP/WTA 世界排名前 100 名运动员各项指标的数据，对影响网球运动员战绩的各项因素展开研究。

　　表 5-12 给出了各个变量的详细说明。本文根据网球运动员的排名将其分为"TOP 25""TOP 25~50""TOP 50~75"和"TOP 75~100"4 类，以此为因变量。从性别、基本技术（发球情况、回球情况）、压力（抢七、首盘获胜或告负、决胜盘）等方面对各自变量进行分类，分别研究各类参数对网球运动员职业战绩的影响情况，探究为获得良好战绩网球运动员所应具备的竞技能力类型及其相应标准。

表 5-12　ATP/WTA 提供的球员数据（截至 2017 年 11 月 6 日）

变量类型	变量名			详细说明	取值范围	备注
因变量	球员等级			离散型变量	共4类	根据ATP/WTA提供的目前世界排名将运动员分为："TOP 25""TOP 25~50""TOP 50~75""TOP 100"共4类
自变量	个人情况		性别	离散型变量	男／女	各100
	基本技术		参赛数	单位：个	6~81	参加的锦标赛的数目
		发球情况	Ace球	单位：个	4~1123	直接发球得分的总数
			双误数	单位：个	42~112	两次发球失误对方得分的总数
		发球局表现	一发成功率	单位：%	49.3~82.5	第一次发球的成功率
			一发得分率	单位：%	52.8~82.0	第一次发球中的得分率
			二发得分率	单位：%	34.6~62.0	第二次发球中的得分率
			挽救破发点	单位：%	46.8~73.0	对手处于破发点自己的得分率
		接发球局表现	一发回球得分率	单位：%	18.0~42.1	对方一发时候自己回球得分率
			二发回球得分率	单位：%	39.0~61.8	对方二发时候自己回球得分率
			成功破发率	单位：%	25.0~53.4	自己处于破发点时的得分率
	应变能力	承受压力	抢七胜率	单位：%	0.0~100.0	在抢七中的胜率
			首盘获胜后胜率	单位：%	0.0~100.0	首盘获胜后赢得比赛的比例
			首盘告负后胜率	单位：%	0.0~75.0	首盘告负后赢得比赛的比例
			决胜盘胜率	单位：%	0.0~84.6	在决胜盘中的胜率

点评：分析体育运动的一个难点在于数据的可获得性和研究问题的提炼。该案例的数据来自 ATP/WTA 官网公布的运动员各项指标数据。运动员的整体战绩可用其排名来衡量，然而具体名次并不能代表运动员的真实实力，不应作为数值型变量使用回归模型进行分析。为此，作者巧妙地将其转换为分类变量进行处理。

三、数据描述

（一）技术因素

技术因素中共有 9 个自变量，其中 6 个自变量属于发球局的表现，包括 Ace 球数、双误数、一发成功率、一发得分率、二发得分率和挽救破发点；另外 3 个自变量属于接发球局的表现，包括一发回球得分率、二发回球得分率和成功破发率。

图 5-38 显示了不同等级男性网球运动员 2017 年每场锦标赛的平均 Ace 数和双误数。可以看出，TOP 25 的男性网球运动员的平均 Ace 数要远高于其他男性网球运动员，且随着等级的下降平均 Ace 数也明显减

少，这说明排名越靠前的男性网球运动员发球越有威力。但同时随着等级的上升，平均双误数也明显上升，这似乎说明排名越靠前的网球运动员发球的稳定性越差。事实上，网球运动员为了追求发球的威力往往会在比赛中发更刁钻、更具有技术含量的球，这样自然会带来发球稳定性的下降。但如果综合考虑平均 Ace 数和双误数可以看出，即使发球稳定性下降，也并不影响其在比赛中通过发球得到更多的分数。

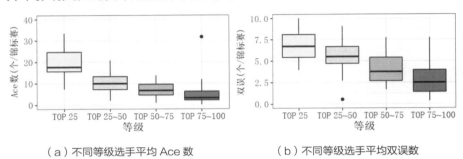

（a）不同等级选手平均 Ace 数　　　　　　（b）不同等级选手平均双误数

图 5-38　各等级男性运动员 2017 年每场锦标赛的平均 Ace 数和双误数

图 5-39 显示了不同等级女性网球运动员 2017 年每场锦标赛的平均 Ace 数和双误数。可以看出，对于女性网球运动员，平均 Ace 数与平均双误数相近。而随着等级的上升平均 Ace 数有下降趋势，平均双误数也有下降趋势。

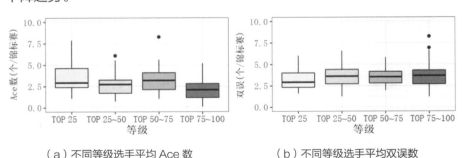

（a）不同等级选手平均 Ace 数　　　　　　（b）不同等级选手平均双误数

图 5-39　各等级女性运动员 2017 年每场锦标赛的平均 Ace 数和双误数

点评：作者使用箱线图展示不同等级运动员的平均 Ace 数和双误数这

两个变量的分布情况，箱线图的使用既能让读者对数据的整体分布情况有大致的了解（如中位数位置，是否有异常值等），又能清晰对比各个等级的情况，发现解释变量和因变量的关系。同时，比较时区分男性和女性，可以探索不同性别的运动员对竞技能力的要求，与背景介绍部分相呼应。

根据图 5-40 中的箱形图（a）可知，对于男性运动员，TOP 25 的网球运动员一发得分、二发得分和挽救破发点的能力都远高于其他网球运动员。TOP 25~50 的网球运动员的二发得分率要高于 TOP 50~100 的网球运动员并且更加稳定。但在挽救破发点上，TOP 25~100 的网球运动员没有明显区别。可见，在发球局的表现上，TOP 25 的网球运动员显著强于其他运动员，TOP 25~50 的网球运动员只是在二发得分方面稍显优势。根据图 5-40 中的箱形图（b）可知，对于男性运动员，随着等级的下降，网球运动员在接发球局的表现略有下降。

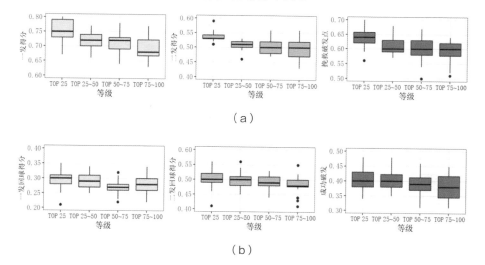

图 5-40　各等级男性运动员在一发得分、二发得分、挽救破发点、

一发回球得分、二发回球得分及成功破发上的表现情况

根据图 5-41 中的箱形图（a）可知，对于女性运动员，随着等级的下降，网球运动员在发球局得分有下降趋势，但区别并不明显。TOP 25 的

网球运动员一发得分、二发得分和挽救破发点的能力稍高于其他网球运动员。根据图5-41中的箱形图（b）可知，对于女性运动员，4类运动员在接发球局的表现没有明显区别。综合各等级运动员在上述几项技术的表现情况可知，不同等级网球运动员在发球局表现存在明显差异，而接发球局表现则相差不大，这说明发球局的技术表现可能是决定网球运动员战绩的重要因素。

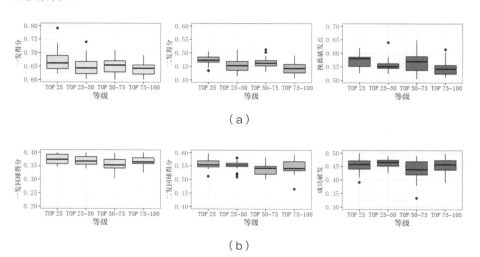

图5-41　各等级女性运动员在一发得分、二发得分、挽救破发点、
一发回球得分、二发回球得分及成功破发上的表现情况

对比图5-40中的箱形图（a）和图5-41中的箱形图（a）可知，男性运动员在发球局的表现明显好于女性，而对比图5-40中的箱形图（b）和图5-41中的箱形图（b）可知，女性在接发球局的表现明显好于男性。这说明，男性网球运动员与女性网球运动员在技术上存在明显差异，因此，在模型分析时应该对男性、女性运动员分开考虑。

（二）压力因素

压力因素中共有4个自变量，包括首盘获胜后胜率、首盘告负后胜率、抢七胜率及决胜盘胜率。

图 5-42 显示了不同等级男性网球运动员首盘获胜后胜率、首盘告负后胜率。根据图 5-42（a）可知，随着网球运动员等级升高，其首盘获胜后胜率也越来越高，这说明等级越高的网球运动员越能把握住机会，扩大优势。而图 5-42（b）则说明，TOP 25 的网球运动员的抗压能力更强，即使首盘告负后仍有更大的获胜率。

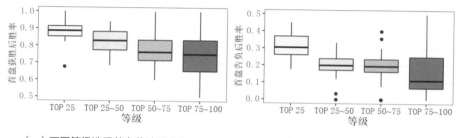

（a）不同等级选手首盘获胜后胜率　　　　　（b）不同等级选手首盘告负后胜率

图 5-42　各等级男性运动员首盘获胜后胜率、首盘告负后胜率

为了进一步探究网球运动员的抗压类型与他们排名的关系，根据其抢七和决胜盘的胜率将网球运动员分为"抗压能力良好""决胜盘有压力""抢七有压力"及"抗压能力较差"4 类，其分布情况的棘状图如图 5-43 所示。

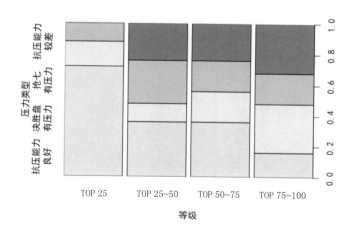

图 5-43　不同等级运动员抗压类型分布情况的棘状图

由图 5-43 可知，TOP 25 的网球运动员抗压能力明显高于其他运动员，而 TOP 75~100 的网球运动员抗压能力则明显弱于他人，特别是在决胜盘中更容易有压力。上述分析说明压力因素同样也是影响网球运动员排名的重要因素。

点评：探索抗压能力与运动员等级的关系，棘状图的使用是亮点。由于抗压能力和运动员等级都是分类型变量，因此，可以使用棘状图展示数据在各个交叉分类中的频率情况，清晰、形象地进行横向对比和纵向对比。

四、模型建立

（一）因子分析

为了判断竞技能力与网球运动员成绩的关系，本案例首先对男性网球运动员的上述 13 个指标进行因子分析，分析排名靠前的网球运动员的类型，并进一步确定其战绩与各因子之间的关系。

从图 5-44 可以看出，部分变量的线性相关性较强（如一发回球得分、二发回球得分和成功破发之间的相关性很高），数据集比较适合进行因子分析。因子分析的结果表明，保留 5 个公共因子，累积方差贡献率可以达到 77.71%。

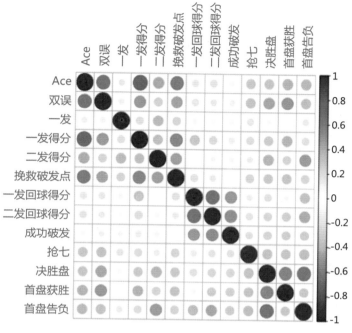

注：蓝色正相关，红色负相关，颜色越深相关性越高。

图 5-44　13 个指标之间的相关性

　　如表 5-13 所示，根据主成分法估计的因子载荷矩阵，5 个因子分别可表示为发球因子、回球因子、失误压力因子、获胜压力因子及平局压力因子。其中，发球因子与平均 Ace 数、平均双误数、一发得分率和挽救破发点成正相关，反应球员的发球技术的好坏；回球因子与一发回球得分率、二发回球得分率和破发成功率成正相关，反应球员的回球技术的好坏；失误压力因子与二发得分率和首盘告负后胜率成正相关，反应球员在出现失误 / 落后时，应对压力的能力高低；获胜压力因子与决胜盘胜率和首盘获胜后胜率成正相关，反应球员在领先或有获胜机会时能否很好把握住机会，乘胜追击；平局压力因子与抢七胜率成正相关，反应球员在平局决胜中能否每球必争，减少失误。

表 5-13　因子载荷矩阵

	发球因子	回球因子	失误压力因子	获胜压力因子	平局压力因子	共性方差
Ace	0.86	−0.14	0.23	0.08	0.16	0.85
双误数	0.79	0.29	0.00	0.21	0.17	0.77
一发得分率	0.76	−0.30	0.13	0.23	0.05	0.74
挽救破发点	0.70	−0.16	0.32	0.08	0.04	0.63
一发回球得分率	−0.09	0.88	0.06	−0.10	0.12	0.80
二发回球得分率	−0.13	0.82	0.14	0.15	0.09	0.75
破发成功	−0.02	0.72	0.05	0.24	−0.03	0.59
二发得分率	0.32	0.02	0.81	0.05	−0.13	0.79
首盘告负后胜率	0.15	0.34	0.74	0.16	0.32	0.82
决胜盘胜率	0.14	0.15	0.52	0.66	0.25	0.82
首盘获胜后胜率	0.36	0.18	0.03	0.85	0.06	0.88
抢七胜率	0.22	0.10	0.06	0.13	0.91	0.91

　　5 个因子上得分最高的球员，分别代表强发球型运动员、强回球型运动员、抢七有优势型运动员、冷静面对失误型运动员和敢于乘胜追击型运动员。各类型中前 10 名运动员分别如表 5-14 所示。

　　表 5-14 依次为强发球型运动员 TOP 10、强回球型运动员 TOP 10、抢七有优势型运动员 TOP 10、冷静面对失误型运动员 TOP 10、敢于乘胜追击型运动员 TOP 10 及世界排名。

表 5-14　各类型中前 10 名运动员

强发球型运动员 TOP 10（a）　　　　强回球型运动员 TOP 10（b）　　　　冷静面对失误型运动员 TOP 10（c）

	球员	排名
1	Andy· Murray	16
2	Novak· Djokovic	12
3	Grigor· Dimitrov	6
4	Gilles· Muller	25
5	Ivo· Karlovic	78
6	Marin· Cilic	5
7	Dominic· Thiem	4
8	Sam· Querrey	13
9	Benoit· Paire	41
10	Alexander· Zverev	3

	球员	排名
1	Diego· Schwartzman	26
2	Jo-Wilfried· Tsonga	15
3	Rafael· Nadal	1
4	Damir· Dzumhur	30
5	Tomas· Berdych	19
6	Cedrik-Marcel· Stebe	81
7	Fernando· Verdasco	34
8	Hyeon· Chung	54
9	Nick· Kyrgios	21
10	Andrey· Rublev	37

	球员	排名
1	Tennys· Sandgren	85
2	Laslo· Djere	88
3	Rogerio· Dutra·Silva	93
4	Peter· Gojowczyk	60
5	Donald· Young	62
6	Juan· Martin·del·Potro	11
7	Cedrik-Marcel· Stebe	81
8	Nikoloz· Basilashvili	61
9	Jack· Sock	9
10	DenisIstomin	58

表 5-14 各类型中前 10 名运动员（续）

敢于乘胜追击型运动员 TOP 10（d）

	球员	排名
1	Roger· Federer	2
2	Leonardo· Mayer	53
3	Rafael· Nadal	1
4	Laslo· Djere	88
5	Denis· Shapovalov	51
6	Stan· Wawrinka	7
7	Milos· Raonic	24
8	Kei· Nishikori	22
9	Dusan· Lajovic	74
10	Albert· Ramos-Vinolas	23

世界排名（e）

	球员	排名
1	Federico· Delbonis	68
2	Horacio· Zeballos	64
3	Victor· Estrella·Burgos	80
4	Marton· Fucsovics	84
5	Jiri· Vesely	63
6	Ryan· Harrison	47
7	Matthew· Ebden	100
8	Lucas· Pouille	18
9	Novak· Djokovic	12
10	Thomas· Fabbiano	73

其中，"强发球型运动员"和"冷静面对失误型运动员"主要是 TOP 25 的运动员。而其他 3 种类型的运动员则每个等级的都有，并且数量基本均衡。这说明，"强发球型运动员"和"冷静面对失误型运动员"相比其他类型运动员更可能进入 TOP 25。

从图 5-45 可以看出 TOP 25 的运动员在发球技术上明显强于其他等级的运动员。而且在平局决胜时或失误后也更能顶住压力，保持冷静，最终获得胜利。相比之下，TOP 25~50 的运动员虽然在回球技术和获胜后表现与 TOP 25 运动员基本持平，但在发球技术、平局决胜时或失误后表现则明显逊于 TOP 25 运动员。这说明，这些方面的表现是决定着 TOP 50 的运动员能不能跻身 TOP 25 的关键因素。而 TOP 50~100 运动员的发球因子和回球因子则明显低于 TOP 25 和 TOP 25~50 的运动员。这说明能不能跻身 TOP 50 还是要看发球、回球这些基本技术。

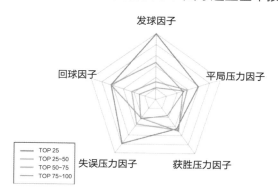

图 5-45 男性网球运动员各项因子的平均值

点评：因子分析模型的使用非常恰当。首先，数据中解释变量的数目较多并且很多变量存在较强的相关性，这是进行因子分析的前提。其次，归纳概括每个因子的含义一直是因子分析的难点，需要作者对分析对象有相当的熟悉程度。最后，作者对因子分析结果进行了多角度应用。例如，根据运动员在各个因子上的得分可以生成排名榜，增强案例的趣味性；使用雷达图展示某类运动员各个因子得分，可以直观地看出该运动员的优势和短板；每个运动员的因子得分还可以作为新的解释变量，用于后续建模（如下面使用的决策树）。

（二）决策树模型

为了进一步确定各种竞技能力对网球运动员战绩的决定情况，本案例在因子分析的基础上建立了决策树模型，结果如图 5-46 所示。

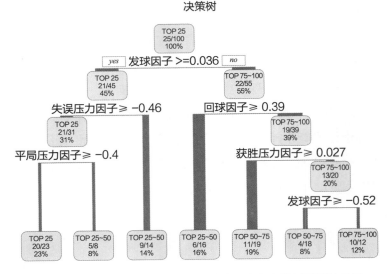

图 5-46　对前 100 名男性网球运动员建立决策树模型的结果

由该决策树可得到如下结果。

（1）当发球因子 ≥ 0.036 时，运动员才有可能进入 TOP 25；当失误压力因子 ≥ -0.46，平局压力因子 ≥ -0.4 时，运动员才能进入 TOP 25；

当失误压力因子 ≤ -0.46 或平局压力因子 <-0.4 时，运动员仅能进入 TOP 25~50。

（2）当发球因子 <0.036，但回球压力因子 ≥ 0.39 时，运动员还是能进入 TOP 25~50 的；如果回球压力因子 <0.39，则只能进入 TOP 50~100。

该结果表明，对运动员而言，首先最重要的是发球技术，该技术也是决定运动员能不能进入 TOP 50 甚至进一步跻身 TOP 25 的关键。其次是回球技术，如果发球技术稍显薄弱，但回球技术过硬，也有希望进入 TOP 25~50，而如果发球技术、回球技术都较弱则只能在 50 名以后。

同样重要的还有应对压力时的表现。面对失误时能否保持冷静，在平局决胜时能否每球必争，决定了运动员能否进入 TOP 25。对于那些发球表现良好，但面对失误后心理压力变大，情绪浮动明显的运动员也很难跻身 TOP 25。而且即使能够冷静面对失误，但在平局决胜中不能每球必争，也同样难以跻身 TOP 25。可以说，想要进入 TOP 25 不但要求运动员技术全面还要求心态过硬。

点评：当因变量是多分类变量时，需要使用分类模型。决策树是常用的分类模型之一，它可以非常直观地展示各个因子对运动员等级的影响路径，具有很强的解释性。

五、结论与应用

通过以上对影响职业网球运动员战绩的竞技能力的分析，可以得到如下结论。

（1）性别差异是存在的：男性在发球局的表现明显好于女性，女性在接发球局的表现明显好于男性；男性不同级别发球技术的差距很明显，女性则不然。因此，对影响男性、女性网球运动员战绩的竞技能力应该分别进行分析。

（2）基本技术强才是硬道理：发球、回球这些基本技术决定运动员能不能跻身世界前50。

（3）关键时刻也要保持冷静：能不能在失误后及时调整心态、缓解压力，以及能不能在"抢七"时顶住压力、减少失误、每分必争，决定着前50的运动员是否有希望进一步跻身世界前25。

根据以上结论，网球运动员或网球运动业余爱好者在进行训练时应该着重练习自己的发球技术，保持一个稳定、高速、有力的发球可以明显提高个人实力。如果进一步追求自己发球时的角度、落点等更精细的技术，则能更好地保证自己的胜率。

同时，也不能忽视回球技术。能否顶住对方的强力发球，让自己还有回球得分的机会也是个人实力的体现。因此，在追求发球技术提升的同时，也要注重回球技术的训练，不断精进自己的基本技术，让自己能够做到技术全面。

对于心态的调整也是非常重要的，而这也是往往被忽视的一点。作为网球运动员的教练，则更应该重视运动员的心态变化，及时地发现其心态变动并帮助其做出相应的调整。运动员在比赛中也要注意保持心态平稳，减少失误，即使面对失误也要能及时缓解压力，保持冷静。

整体点评：该案例以网球这一体育运动作为分析对象，首先，需要作者有较强的专业背景知识作为基础，这在全文的各个部分都有充分体现。其次，文中使用因子分析挖掘解释变量之间的内在联系，从中抽象出五大因子。最后结合决策树模型深入探索这些因子对运动员等级的影响情况，模型使用合理准确，所得结果丰富有趣。

5.6　案例六

正义 vs. 复仇
——基于《复仇者联盟》和《正义联盟》电影豆瓣短评的文本分析

电子科技大学成都学院　黄圣明

摘要：本案例以《复仇者联盟》《正义联盟》两部电影在豆瓣电影中的短评数据为研究对象，利用文本分析的技术从观众的角度出发，从观众口中的两个联盟、观众眼中的焦点英雄、观众心中焦点英雄联系最紧密的角色 3 个方面进行研究，并得到一定的结论。最后分别从观众与制作商的角度给出了提高观影感受和提高影片质量的建议。

一、背景介绍

《复仇者联盟》《正义联盟》是美国超级英雄系列电影，本案例将从以下 4 个方面对两部电影进行背景介绍，即超级英雄系列电影介绍、漫威漫画公司与 DC 漫画公司的关系、《复仇者联盟》故事背景简述，以及《正义联盟》故事背景简述。

（一）超级英雄系列电影介绍

超级英雄一直以来都被视为美国电影的特色之一，电影中超级英雄的能力、精彩激烈的剧情、震撼刺激的特效和拯救世界的使命，使其在世界电影的舞台上大展风采。其中超级英雄中也有不少观众熟悉的角色，如超人、蝙蝠侠、蜘蛛侠、绿巨人等。每个超级英雄都有独特的能力，如蜘蛛侠使用蜘蛛丝在空中飞翔、超人利用无敌的能力拯救地球。即使不同的超级英雄出身不同、能力不同，但他们都有着保护地球的共同使命。

随着近年来邪恶势力的膨胀，超级英雄们也开始组建各自的团队以加强抗衡的实力。在众多超级英雄集结的电影中，最受观众期待和争议的就属《复仇者联盟》与《正义联盟》了。这两部电影的故事情节由两家不同的漫画公司制作，下面对两家漫画公司进行简单的介绍。

（二）漫威漫画公司与 DC 漫画公司的关系

以钢铁侠闻名的漫威漫画公司与以超人著称的 DC 漫画公司（以下简称漫威、DC）均成立于 20 世纪 30 年代。经过不断的发展壮大，旗下都拥有数千名的超级英雄，且拥有着各自的超级英雄宇宙（超级英雄宇宙是指漫威电影宇宙和 DC 宇宙，均是以超级英雄电影为中心建造的虚空世界，两个宇宙分别具有各自统一的世界观、历史走向等）。双方势均力敌，在两家公司长达几十年的明争暗斗中，目前还没有达成合作意向。所以，在一般情况下，影视作品中超级英雄的争斗与联合只会在各自的超级英雄宇宙中进行。

本案例的研究对象《复仇者联盟》《正义联盟》分别来自漫威与 DC，这两部作品的诞生分别代表着漫威电影宇宙系列第一阶段的收官和 DC 宇宙第一阶段的开端。为更好地了解影片，下面简述两部电影的背景故事。

（三）《复仇者联盟》故事背景简述

《复仇者联盟》（以下简称《复联》）中出场了 6 个超级英雄和一个反派角色，他们分别是钢铁侠、美国队长、雷神托尔、绿巨人、黑寡妇、鹰眼和反派洛基（也称为基妹）。聚集这么多超级英雄的原因是来自神盾局（保护世界安全的组织）的指挥官"独眼侠"发现了一股强大的黑暗势力，为了维护世界和平，他意识到必须集结最强的超级英雄，组建最强的战队才有可能战胜邪恶势力。

整部电影节奏把握良好，打斗场景相对激烈，看过的观众都有各自的看法，在此不再对剧情进行叙述。《复联》作为漫威电影宇宙系列第一阶段的收官之作，在此有必要对第一阶段的电影系列进行简述，以厘清剧情逻辑。

从 2003 年《绿巨人》上映开始，《无敌浩克》(2008)、《钢铁侠》(2008)、《钢铁侠 2》(2010)、《雷神托尔》(2011)、《美国队长》(2011)这 6 部电影依次作为《复联》的铺垫系列在影院公映，并穿插美剧《神盾局》的剧情将整个漫威电影宇宙第一阶段的故事进行串联。具体的关系示意如图 5-47 所示。

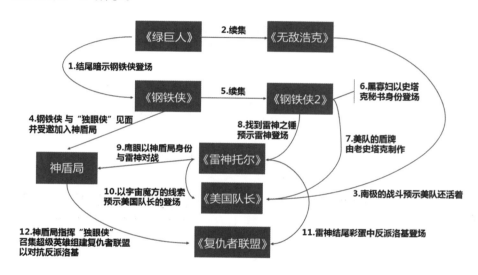

图 5-47　漫威电影系列关系示意

从图 5-47 中可以看出，漫威可谓是下了一盘大棋，错综复杂的关系让剧情更加饱满。所以在此建议，在观看《复联》之前可以对铺垫电影进行了解，有助于明白电影的来龙去脉。

（四）《正义联盟》故事背景简述

《正义联盟》(以下简称《正联》)中同样出场了 6 个超级英雄和一个反派角色，他们分别是蝙蝠侠（也称为老爷）、超人、神奇女侠戴安娜、闪电侠、海王、钢骨和反派荒原狼。在超人去世后，世界动荡不安。此时老爷受到超人的正义感影响，重新燃起了对人类的信心，于是在接受神奇女侠戴安娜的帮助后，找到闪电侠、海王、钢骨组成正义联盟以阻止未来可能发生的更大危机，并在最后与复活的超人一起打败最大反派荒原狼。

电影上映时间为 2017 年 11 月 17 日，回想 25 年前的 1992 年 11 月 17 日正是漫画中超人去世的日子，所以超人的复活是本片最大的卖点。客观来讲，电影节奏拖拉、老爷实力大减等存在诸多让粉丝失望的减分项。《正联》作为 DC 宇宙系列第一阶段的开端之作，在此有必要对第一阶段之前的铺垫电影系列进行简述，以厘清剧情逻辑。电影之间的具体关系示意图（注意，电影顺序根据 DC 扩展宇宙系列已发行电影排列）如图 5-48 所示。

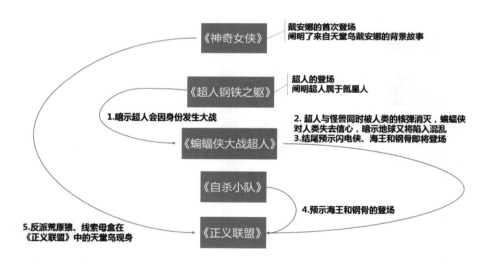

图 5-48　DC 电影系列关系示意

从图 5-48 可以看出，相比《复联》的铺垫电影关系图来说，《正联》的铺垫电影之间的联系线索较少，但仍有主要故事线。电影之间联系较弱的原因主要是因为电影重在阐述每个超级英雄的背景故事，以便更好地为后续作品做铺垫。《正联》标志着 DC 宇宙第一阶段的开启，DC 消息称，未来还会上映《闪电侠》《海王》《正义联盟 2》（有绿灯侠的加入）、

《钢骨》和《绿灯军团》。在更多电影的发布下，DC 宇宙的剧情会变得更加严谨，更加精彩，重拾观众信心。

《正联》的超级英雄更加具有神化色彩，而《复联》的超级英雄更加具有传奇色彩，但两个联盟的阵容正如漫威与 DC 的一样势均力敌，如此相似又同样拥有庞大的粉丝群。那么这两部电影在观众眼中也一样吗？本案例为探索它们在观众的评价中的区别，通过文本分析技术对两部电影在豆瓣电影中的评论数据进行分析。

点评：背景介绍过于冗长，可以适当精简，介绍公司之间的关系并不是本案例的一个重点。

二、数据说明

《复联》与《正联》在豆瓣电影中的评分分别为 8.0、6.8，为什么势均力敌的两个超级英雄联盟的电影会存在如此大的差别呢？其答案可能是《正联》让观众有些失望。为探索观众对两部电影的不同态度，下面对豆瓣电影的评论进行采集。

豆瓣电影中每部电影的评论分为长评和短评两类，长评需要有较好的话题点进行展开，比较耗费时间，所以长评多数为专业影评人、铁杆粉丝等类型的观众所编写，不足以代表广大观众的意见。而短评一般为几句话，内容精炼，感情直接且评论量庞大，能够较好地反应广大观众的态度。本案例从观众的角度出发，对这两部电影的短评进行采集并分析。数据采集时间为 2017 年 11 月 23 日，具体抓取示意图如图 5-49 所示。

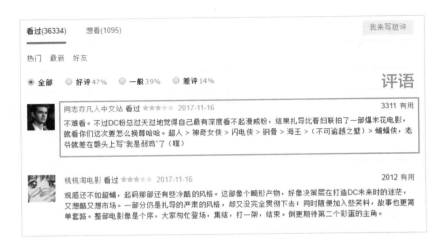

图 5-49　《正义联盟》短评网页示意

最后成功收集到了《正联》的 3 万多条短评数据和《复联》的 7 万多条短评数据，短评文本示意图如图 5-50 所示。

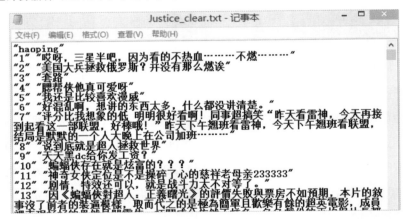

图 5-50　短评文本示意

三、基本分析

将收集的数据进行清洗、整理，然后进行相关的分析，本案例将分别从观众口中的两个联盟、观众眼中的焦点英雄、观众心中焦点英雄联系最紧密的角色 3 个方面分别进行研究。

（一）观众口中的两个联盟

每部电影的评论不仅是观众对剧情的评价，也包含着观众对电影的情感流露，因此，电影短评的内容也代表着观众的意见倾向，不同的意见倾向就决定着观众对于观影后的评分选择。

1. 观众口中的《复仇者联盟》

首先将收集到的《复联》的电影短评数据进行分词处理，并绘制出词云图，如图 5-51 所示（词云中词语越大说明词语出现的次数越多）。

图 5-51 《复仇者联盟》评语分词云图

图 5-51 中主要出现的高频观众评价词是"喜欢""不错""美""萌"等，还有类似于"爽"等表达强烈喜爱的词语，负面评价词语如"睡着"等，但出现的次数比较少。从词云图上来看《复联》的整体评价表现出观众的喜爱之情。

2. 观众口中的《正义联盟》

将《正联》的短评词语进行分词处理，并绘制出词云图，如图 5-52所示。

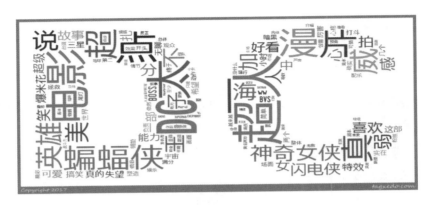

图 5-52 《正义联盟》评语分词云图

从图 5-52 中可以看到，出现频率较高的名词为"超人""蝙蝠侠""漫威"和几个其他超级英雄，这样的结果与前面对《正联》的介绍所说相同，即超人的复活是本部电影的最大卖点。除一些常见的高频好评词外，如"好看""喜欢""搞笑"等，词云图中还可以看到类似于"真的失望""弱""爆米花"等负面的评语，这些词语从侧面反映了部分观众对这部电影并不满意。

最后在词云图中还可以看到"DC"与"MCU"的字样，说明观众可能比较多地将这两个公司做比较，或说将这两部电影做比较。不过整部电影看完后，很多观众直观的感受就是电影不尽人意。

3. 观众的评论情感倾向

每句评论都会带着一定的情感，可能是积极的赞扬，也可能是消极的批评或中性的意见表达，一部电影整体积极的评语越多，表示观众越喜欢看。反之批评的词语越多，说明电影并不被大众所喜爱。下面为了探究电影影评的整体情感倾向，本案例对两部电影的所有短评进行情感分析，分析每句话的情感倾向，并统计其频率，结果如图 5-53 所示。

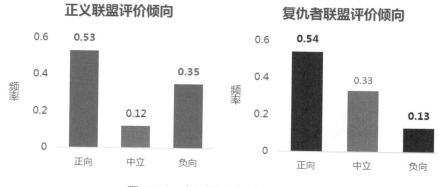

图 5-53　电影短评情感倾向统计图

点评：这里作者应该再详细说明一下是如何进行情感倾向分析的。例如，如何定义正向、负向和中立？作者是对每句话进行情感分析的，如果一句话中同时包含了正向、中立、负向的词语，那么该如何处理？情感分析是文本分析中常用的一种分析方法，但具体的操作还应该根据不同问题进行具体说明。

通过图 5-53 可以看到，在《正联》的评论中，53% 的短评属于正向评语，也就是表扬类的评语。35% 的短评属于负向的评语，也就是批评类的评语。通过对评语进行统计，发现观众不满意的理由主要有以下几点：剧情逻辑混乱、剧情节奏过慢、反派设定很强但真实弱力较弱、蝙蝠侠实力大减等。

在《复联》的评论中，有 54% 的短评属于正向积极类评语，13% 的评语属于负向批评类评语。在两部电影正向评价所占频率相差不大的情况下，观众对《复联》的批评更少，或说更加喜爱。通过对评语进行统计《复联》具体不满意的理由主要是部分观众反映电影整体逻辑混乱。所以在了解完电影的相关背景故事后，再去观看这部电影可能会有更好的效果。

（二）观众眼中的焦点英雄

每位超级英雄都有着各自庞大的粉丝团，那么在超级英雄联盟的电影中谁才是观众眼中的焦点英雄？带着这样的疑问，本案例统计在电影短评中每位超级英雄出现的次数，探究观众眼中的焦点英雄，具体统计情况如图 5-54 和图 5-55 所示。

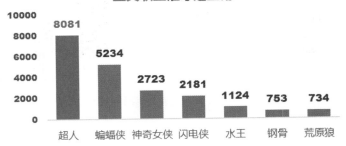

图 5-54 《正义联盟》超级英雄出现次数统计图

从图 5-54 中可以看到，观众对超人的关注度远高于其他超级英雄，正如前面介绍的一样，《正联》的最大卖点就是超人的复活。超人承载着无数人对超级英雄最初的记忆，是无数人心目中不可战胜的存在，这次的回归必然与 25 年前超人的去世产生强烈的共振。关注度在第 2~4 名的 3 位超级英雄分别是蝙蝠侠、神奇神侠和闪电侠。在此部电影中对蝙蝠侠的评价最多的是"超弱"，对闪电侠最多的评价是"为什么换角色了"。排名靠后的是水王、钢骨两位超级英雄，初次正式登场还不为大家所熟知。影片中最大反派荒原狼排名最后，说明荒原狼在电影中的表现并不能让观众满意。

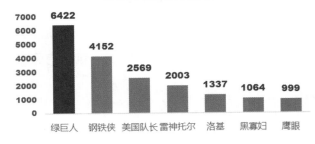

图 5-55 《复仇者联盟》超级英雄出现次数统计图

从图 5-55 可以看到，观众对《复联》中超级英雄的评价数相对于《正联》来说更少，但从收集的数据情况来看，《复联》的数据有 7 万多，而《正联》的数据仅 3 万多，可以推测《复联》观众的评价可能更多地针对剧情或其他。此外，绿巨人以较大的优势获得了观众的关注焦点，这似乎有些出人意料。那么，绿巨人是如何以 2000 多票的优势超越钢铁侠，又以 4000 多票的优势力压了美国队长呢？为此，本案例对绿巨人的评论词语进行提取并分词，然后绘制词云图，如图 5-56 所示。

图 5-56　绿巨人相关评价词云图

从图 5-56 可以明显看出，大多数观众对绿巨人的评价是"萌"，当然还有"帅""搞笑"等词，说明其深受广大观众喜爱。

（三）观众心中焦点英雄联系最紧密的角色

对两部电影中的主要焦点角色进行简单研究后，那么对于不同的超级英雄来说，在观众心中谁才是焦点英雄联系最紧密的人呢？本案例将统计与焦点英雄共同出现在评语中角色的次数，来表现观众心中焦点英雄联系最紧密的角色，具体情况如图 5-57 和图 5-58 所示。

图 5-57 《正义联盟》焦点英雄超人的关系圈

图 5-57 中以中间位置角色为焦点英雄，其他角色头像距离越远、越小说明关系越不紧密，反之越紧密（图 5-58 同理）。对于焦点英雄超人来说，复活才是观众心中真正的焦点。在超人的关系圈中，超人似乎与每位角色都有着紧密的联系，但最紧密的还是蝙蝠侠，毕竟两位在《蝙蝠侠大战超人》中也算是生死之交的朋友。不过值得注意的是新登场的超级英雄钢骨，之所以钢骨会与超人有较大的联系，是因为超人与钢骨都是通过"母盒"复活的。因为不清楚钢骨的真实实力，所以观众希望能看到钢骨与超人的对战。

图 5-58 《复仇者联盟》焦点英雄绿巨人的关系圈

图 5-58 中绿巨人联系最紧密的是钢铁侠，其次是美国队长、雷神托尔、洛基、黑寡妇、鹰眼。观众在评语中普遍认为绿巨人、钢铁侠、雷神托尔、美国队长这样的组合才是能够点燃激情的组合。两个关系圈中都分别出现了对方联盟的角色，但只有小部分观众提及，因此不做深入研究。

点评：在文本分析中尝试网络分析是本案例的一个特色。建议可以把人物之间的连线画出，这样可以用线的粗细来进一步展示人物之间联系的紧密程度。

四、案例小结与建议

本案例通过文本分析的技术，对《正义联盟》与《复仇者联盟》这两部电影在豆瓣影评上的短评，从观众口中的两个联盟、观众眼中的焦点英雄、观众心中焦点英雄联系最紧密的角色 3 个方面进行了简单的分析。

下面结合文中观众的评论给出以下建议。

（1）对观众的建议：对于漫威、DC 宇宙系列电影一定要了解之前的铺垫系列电影再看正片。

（2）对制作商的建议：不要像流水线一样生产超级英雄电影，而是应该与后续的剧情有更多的联系，合理设定角色，严密设置剧情逻辑，让这部电影能够点燃观众的激情，这样的片子才能有不错的票房。

参考文献

[1] Richard Lawson. 用 Python 写网络爬虫 [M]. 李斌，译 . 北京: 人民邮电出版社，2016.

[2] LITTLE J A, RUBIN D B. Statistical Analysis with Missing Data[M]. 2nd ed. State of New Jersey: John Wiley & Sons, 2002.

[3] JAMES G, Witten D, HASTIE T, et al. An Introduction to Statistical Learning with Applications in R[M]. Berlin: Springer, 2017.

[4] 王汉生 . 应用商务统计分析 [M]. 北京: 北京大学出版社，2008.

[5] 费宇 . 多元统计分析: 基于 R[M]. 北京: 中国人民大学出版社，2014.

[6] MCCULLAGH P, NELDER J A. Generalized Linear Models [M]. 2nd ed. Boca Raton: CRC Press, 1989.

[7] 全国: 星级酒店营业额: 客房收入 [EB/OL]. 前瞻数据库，2018-06-06.